人工智能的伦理与法律

［波兰］多米尼克·埃瓦·哈拉西莫克
Dominika Ewa Harasimiuk
［波兰］王善诚
Tomasz Braun
著

徐　源 刘媛媛　译

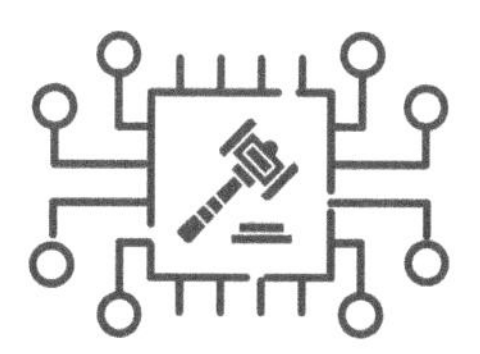

Regulating Artificial Intelligence

Binary Ethics and the Law

科学出版社

北　京

图字：01-2023-2356 号

内 容 简 介

本书深度剖析人工智能领域的最新趋势及其对未来的潜在影响，特别是聚焦于欧盟在这一领域的政策动向、监管措施和立法进展。书中详细阐述欧盟对于算法的通用监管策略，展示其在构建伦理监管环境方面所取得的最新成就，并提供对欧盟道德法规与可信赖人工智能的宏观洞察。

内容不仅涵盖科学信息技术的基础概念阐释，还深入探讨欧盟机构层面的立法、监管以及政策制定活动。同时，对人工智能伦理框架进行全面分析，探讨不同的监管手段，并介绍独特的横向解决方案。此外，本书还系统地梳理了人工智能在重要社会经济领域所适用的部门法规。

本书既适合人工智能、哲学、法学以及国际关系专业的研究生深入阅读，也可为关心人工智能伦理与法律问题的读者提供信息和参考，有助于更好地理解这一领域的复杂性和挑战。

Regulating Artificial Intelligence:Binary Ethics and the Law 1st Edition / by Dominika Ewa Harasimiuk and Tomasz Braun / ISBN: 978-0-367-46881-1

图书在版编目（CIP）数据

人工智能的伦理与法律 / (波) 多米尼克・埃瓦・哈拉西莫克 (Dominika Ewa Harasimiuk) 等著 ；徐源，刘媛媛译. -- 北京 ：科学出版社，2024. 9. -- ISBN 978-7-03-079080-4

Ⅰ. TP18；B82-057；D912.174

中国国家版本馆 CIP 数据核字第 2024BP1194 号

责任编辑：邹　聪　高雅琪 / 责任校对：韩　杨
责任印制：赵　博 / 封面设计：有道文化

科 学 出 版 社 出版
北京东黄城根北街 16 号
邮政编码：100717
http://www.sciencep.com
北京厚诚则铭印刷科技有限公司印刷
科学出版社发行　各地新华书店经销
*
2024 年 9 月第　一　版　开本：720×1000　1/16
2025 年 1 月第二次印刷　印张：14
字数：200 000
定价：98.00 元
（如有印装质量问题，我社负责调换）

目　录

1

代序——算法社会、人工智能与伦理

1.1 议题相关性

随着数字科技不断进步，人工智能的快速高效发展给个人和社会生活的方方面面都带来了重大变化。当下世界经历的种种变化都可以与电力改变经济、文化和政治的时代相提并论。[1]在现实生活中，基于算法的数字科技广泛存在，普通人可以使用移动电话、个人电脑、家用电器、电视机、汽车和许多其他电子设备。基于人工智能的技术可给人类生活带来巨大裨益，帮助减少能源消耗，减少使用杀虫剂，创造更清洁的环境，优化资源结构，提高人类对疾病的诊断能力，并促进治疗方法的研发，通过优化天气预报预测灾害，通过提高一般道路安全性建立更快捷、更安全的交通运输系统，推动经济生产力增长，有助于实现可持续性发展，提升金融风险管理能力，检测欺诈和网络安全威胁。除上述内容外，它还有利于执法，帮助有效预防犯罪。[2]但人工智能技术在造福社会的同时也带来了严

---

① 更多关于工业数字化走向人工智能革命的信息，请参见 Spyros Makridakis，‘The Forthcoming Artificial Intelligence Revolution’（2017）1 Neapolis University of Paphos（NUP），Working Papers Series https://www.researchgate.net/publication/312471523_The_Forthcoming_Artificial_Intelligence_AI_Revolution_Its_Impact_on_Society_and_Firms，获取于 2020 年 7 月 20 日。

② 欧盟工业技术高级别战略小组建议将人工智能列为关键赋能技术之一，因为其交叉赋能潜力对欧洲工业至关重要，请参见 High Level Group on industrial technologies, Report on ‘Re-Defining Industry. Defining Innovation’ (Publication Office of the EU Luxembourg 2018); 另请参见 Commission, ‘Artificial Intelligence for Europe’ (Communication) COM (2018) 237 final, 1; 另请参见 Paula Boddington, *Towards a Code of Ethics for Artificial Intelligence, Artificial Intelligence: Foundations, Theory, and Algorithms* (Springer Int. Publishing 2017) 2.

峻挑战，人们担心自动化水平提高可能导致失业率攀升，决策偏颇，政府
2 过度获取隐私，过度复杂的技术解决方案加剧知识获取不平衡，权力过分集中在少数几家跨国公司（如谷歌、脸书或亚马逊）手中，等等问题。最后，人工智能行业的发展使美国、中国和欧盟等全球主要行为体之间展开激烈竞争。①

人工智能技术不仅影响着工业和经济，还影响着政治结构和民主机制。众所周知，人工智能市场包括企业对消费者（B2C）和企业对企业（B2B）的市场和平台。公民参与公共服务（P2C）超越了传统范畴，涉及与公民参与、电子民主和电子政务等相关的新技术②，这些领域都需要对人工智能采用融入伦理和信任因素的全面监管方法。目前，欧洲所有立法和监管措施均围绕伦理和信任展开。本书的主题，亦即欧洲的人工智能监管方法，把欧洲各种价值观置于决策过程的中心位置。目前，欧盟将自己视为人工智能监管领域的全球主要利益攸关方。这种站位是广义的欧洲数字化单一市场政策的一部分，在此政策中，人工智能正成为欧洲经济发展的战略领域。欧盟人工智能监管计划涵盖社会经济、法律与伦理问题。从长远来看，这样的整体主义视角关乎创造可信赖人工智能的欧洲单一市场，使欧盟从人工智能的价值中获益，同时可以防范并最小化风险。③

本书聚焦人工智能领域的最新特点及未来影响。目前所采纳的人工智能监管方法将在未来几年、几十年里影响着人们的现实生活。正是通过全面分析欧盟当前涉及人工智能科技的政策、监管和立法过程以及建议案，

---

① Commission, ‘Coordinated Plan on AI’ (Communication) COM (2018) 795 final, 1; 另请参见 Paul Nemitz, ‘Constitutional Democracy and Technology in the Age of Artificial Intelligence’ (2018) 376 Philosophical Transactions A, The Royal Society, 3 https://ssrn. com/abstract=3234336，获取于 2020 年 7 月 20 日。

② 参见 Deloitte Insights, ‘How Artificial Intelligence Could Transform Government’ (2017) https://www2.deloitte.com/insights/us/en/focus/artificial-intelligence-in-government.html，获取于 2020 年 7 月 20 日。

③ High-Level Expert Group on AI (HLEG AI), ‘Policy and Investment Recommendations for Trustworthy AI’ (Brussels 2019) 6-7.

我们方能从长远视角洞察经济和社会发展状况，思考最适用于本书所探讨主题的方法。

1.2 本书的目标

如上所述，数字科技的突破，尤其是人工智能，能帮助解决很多全球性的严峻挑战。世界科技发展日新月异，与此同时，人工智能带来了全新挑战，并引发了严重的法律和伦理问题。[①]这种现象不是第一次出现。通常，法律和规范必须适应科学、文化、政治和经济领域发展所带来的新挑战。当前的技术变革也是如此。[②]

3

可从不同角度观察这一现象。最终，这一现象事关如何在治理和监管环境下改变社会内部算法。监管可被视为多中心社会系统，由六个要素驱动：目标与价值观、知识与理解、工具与技术、个人行为、组织行为、信任与合法性。[③]监管环境可定义为：为实现公开声明的目标或一系列目标，有组织地尝试系统管理风险或行为。[④]根据这一定义，监管有两种主要形式：命令与控制式监管和基于设计的监管。第一种监管形式是指运用法律或监管规则支配行为，具有惩罚和奖励机制。在第一种监管形式下，受规则约束的一方，要么遵守规则套取奖励，要么忽视规则然后承担受惩罚的风险。[⑤]第二种监管形式是指基于设计的监管，根据整个监管体系的

---

① Commission, ‘Building Trust in Human-Centric Artificial Intelligence’ (Communication) COM (2019) 168 final, 1.

② Expert Group on Liability and New Technologies, ‘Liability for Artificial Intelligence and Other Emerging Digital Technologies’, (Report from New Technologies Formation) (Publication Office of the EU Luxembourg 2019) 11.

③ Julia Black, Andrew D. Murray, ‘Regulating AI and Machine Learning: Setting the Regulatory Agenda’ (2019) 10 European Journal of Law and Technology http://eprints.lse.ac.uk/102953/，获取于 2020 年 7 月 22 日。

④ Julia Black, ‘Learning from Regulatory Disasters’, (2014) 24 LSE Law, Society and Economy Working Papers, 3 http://dx.doi.org/10.2139/ssrn.2519934，获取于 2020 年 7 月 22 日。

⑤ Julia Black, ‘Decentring Regulation: Understanding the Role of Regulations and Self-Regulation in a <Post-Regulatory> World’ (2001) 54 Current Legal Problems, 105-106.

设计制定监管标准。换句话说，是基于构建适应人类行为模式的架构，以匹配优选行为模式。①

根据这一概念，目前的大多数算法管理和监管框架组成了基于设计的监管。②根据上述理论，基于设计的监管和算法决策支持系统起到了助推作用。助推是一种源自行为经济学的监管哲学，而行为经济学是基于认知心理学的一种假设，即人们没有普遍认为的那么理性，他们对事物表现出偏见和刻板印象。③这种特点常常使他们偏离理性选择理论的预期，并损害自身长期福祉。最典型的例子是人们普遍把短期未来放在首位，过分低估未来事件的价值，不是按照指数曲线而是按照双曲线行事。他们喜欢奖励早点到来，即使这个奖励很小，而不喜欢那些需要等待更久的大奖励。④

这个概念同样适用于监管领域。立法机构和监管机构可能会创造一种决策情境，建立能从人类天性中获益的所谓的选择架构，并将他们推入其偏好的行为模式。⑤这种方式最近才开始广为流行。公共当局已经开始设立行为分析部门，在多个领域实施助推式政策设置。⑥

因此，助推是基于设计的监管方式，因为它不是强制执行已制定的规则和监管规定，而是将政策偏好写入行为架构。算法治理系统的工作原理

---

① Robert van den Hoven van Genderen, ‘Legal Personhood in the Age of Artificially Intelligent Robots’ in Woodraw Barfield, Ugo Pagallo (eds.), *Research Handbook on the Law of Artificial Intelligence* (Edward Elgar 2018) 224 ff.

② Karen Yeung, ‘Hypernudge: Big Data as a Mode of Regulation by Design’ (2016) 1, 19 TLI Think! Paper Information, Communication and Society, 4; John Danaher, ‘Algocracy as Hypernudging: A New Way to Understand the Threat of Algocracy’ (2017) https://ieet.org/index.php/IEET2/more/Danaher20170117?fbclid=IwAR3gm6lIWN8Twb8bE6lTIdtintwhYSWF2FTDkRGzMs1xa8XTD4bGgoQJiXw，获取于 2020 年 7 月 22 日。

③ Jonathan Beever, Rudy McDaniel, Nancy A. Stamlick, *Understanding Digital Ethics. Cases and Contexts* (Routledge 2020) 82.

④ Danaher, ‘Algocracy as Hypernudging’ (n 12).

⑤ Antje von Ungern-Sternberg, *Autonomous Driving: Regulatory Challenges Raised by Artificial Decision-Making and Tragic Choices* in Woodrow Barfield, Ugo Pagallo (eds.), *Research Handbook on the Law of Artificial Intelligence* (Edward Elgar 2018) 257.

⑥ Yeung (n 12) 4-6.

与助推类似，尤其是在政策支持系统中。这是算法治理的形式，运用数据挖掘技术提供选择选项。人们通常不会质疑自己日常使用的算法系统所提供的默认选项。在许多政策领域使用算法决策支持系统的情况下，同样的机制也可以用作支持监管框架。[①]

基于此理论背景，我们确定了本书的目标，即概述欧盟对于算法现实的一般监管方法。伦理是制定所有监管措施所围绕的核心概念。对所谓的人工智能伦理的监管有多种形式，它既基于命令，也基于设计。它将适当的集中立法措施与利益攸关者手中的分散监管相结合。因此，自上而下的措施和自下而上的举措、有约束力和无约束力的法规、硬法律和软法律、横向和部门法规以及超国家和基于行业的法规等构成了一个复杂的网络。在如此复杂、相互交织的监管环境中，极难找到正确的方向，也很难遵循不同级别和种类的监管间的相互关系。即便通过法律、伦理和科技对人工智能进行监管是一个全球性议题[②]，我们的目标仍然是展示欧盟人工智能伦理监管环境领域的最新水平。我们知道，许多法规仍有待通过，欧盟机构内部正在制定政策。然而，我们希望将实际的法律、法规和条例体系化，并指出未来措施可能面临的挑战和遵循方向。虽然人工智能监管似乎永无止境，但是我们的目标并非为时过早，对于希望了解欧盟人工智能立场的人来说有其价值，因为人工智能无处不在，是当代讨论最多的话题。

5

1.3 研究设计和方法论

本书开展的研究旨在提供关于欧盟伦理法规和可信赖人工智能的整体视角。考虑到法律、伦理和监管问题牵扯广泛，并且将人工智能整合到单一法律和伦理框架中的过程尚未完成（事实上才刚刚起步），为此我们致力于理顺最重要的问题，并将其置于欧盟机构活动的背景下。我们所采用

---

① Yeung (n 12) 4-6.

② Corinne Cath, ‘Governing Artificial Intelligence: Ethical, Legal and Technical Opportunities and Challenges’ (2018) 376 Philosophical Transactions A, The Royal Society, 3.

的研究方法是对源文本的教条主义分析和一般定性方法，旨在能够“从宏观角度”指出当前面临的挑战，以及人工智能领域具体开展的立法和监管工作。对源文本的分析主要是基于欧盟委员会的来文和高级别专家组编写的政策文件，并辅之以新技术法、伦理和人权领域的理论分析。经过慎重思考，我们将本书分为六个章节（代序和总结除外）。第二章旨在解释说明科学和信息技术领域的基础概念，包括人工智能和机器学习。第三章讲述在欧盟机构层面，尤其是欧盟委员会，展开的广泛立法、监管和政策制定活动。第四章分析欧盟人工智能的伦理框架，以《可信赖人工智能伦理准则》为起点，展开具体思考，分析人工智能伦理方法的基础及实施中的挑战，并对其有效性进行合理评估。第五章探讨了监管手段，确保尽可能有效地应用人工智能领域的伦理和法律原则。第六章专门介绍横向解决方案的特点，即包括人工智能在内的适用于各种经济社会活动的解决方案。第七章依次指出选定的重要社会经济领域的部门法规。

2

人工智能的重新定义

6

2.1　回顾人工智能的定义

人工智能的概念非常模糊，其中明确提到了智能的概念，而智能的概念本身并不明晰，也存在争议，但却与人类能力密切相关。许多人试图给人工智能下定义，其中一些颇有道理，也有一些甚至还将自己的强烈信念融入其中。拉塞尔（S. Russel）和诺威格（P. Norvig）①系统梳理了各位学者提出的定义，并得出结论可从两个不同的角度定义人工智能。第一种定义是以人为本，即通过忠实于人的行为和表现（系统思维或以人为本）来定义系统。第二种定义避免了与人性的联系，强调理性，即通过系统的理想性能（理性思考和理性行动）对其进行评估。②心理学家、生物学家、神经科学家和人工智能研究人员一直在研究理性概念。理性是指利用给定的最优标准和可用资源，选择最佳行动达到特定目标的能力。理性并不是智能概念中的唯一要素，甚至不是主导因素，但它是智能概念的重要组成部分。人工智能系统应该理性地思考和行动。前者意味着人工智能系统拥有目标和与这些目标相关的思考力，后者意味着人工智能系统以目标

---

① Stuart Russel, Peter Norvig, *Artificial Intelligence. A Modern Approach* (3rd edn, Prentice Hall 2010) 1-5.

② 同上，另请参见 van den Hoven van Genderen, ‘Legal Personhood in the Age of Artificially Intelligent Robots’ (n 11) 235.

为导向运行。[①]人工智能系统可以通过传感器感知其所处的环境，收集、处理和解释数据，推理感知到的内容，确定最佳行动，然后通过一些执行器采取相应行动，实现理性，进而可能会改变环境。[②]目标导向的人工智能系统能够通过接收人类发出的指令来实现目标。人工智能系统本身不设定目标，但是它们能够决定采用哪一条路径来达成给定目标，这一般基于部署在人工智能系统内的某些机器学习技术。[③]

7

在法律方面，有观点认为，没有必要为人工智能作出一个囊括各个方面的唯一定义，尤其是出于法律和监管目的，因为这个概念的含义可能会因行业和基于人工智能的技术的适当应用而改变。[④]然而，正如特纳（J. Turner）所指出的，定义人工智能概念的必要性取决于是否对其进行监管。如果要遵守法律，法律约束的对象需要知道其范围和可能的适用领域。[⑤]

虽然本书的重点不是对什么是人工智能进行本体论分析，但既然欧盟委员会曾在《欧洲人工智能通报》里草拟过一个简单实用的定义，那么仍建议将其作为起点。根据这份文件，“人工智能是指通过分析环境并采取行动来实现特定目标，从而表现出智能行为的系统。基于人工智能的系统可以完全基于软件在虚拟世界中运行（例如语音助手、图像分析软件、搜索引擎、语音和人脸识别系统），或者，人工智能可嵌入硬件设备（例如高级机器人、自动驾驶汽车、无人机或物联网应用程序）”[⑥]。本书中介绍的研究阐明了人工智能的具体要素，从而拓宽了其定义，指出人工智能

---

① Russel, Norvig (n 19) 1-5.

② Jean-Sebastien Borghetti, ‘How can Artificial Intelligence be Defective? ’ in Sebastian Lohsse, Reiner Schulze, Dirk Staudenmayer (eds.), *Liability for Artificial Intelligence and the Internet of Things. Muenster Colloquia on EU Law and the Digital Economy Ⅳ* (Hart Publishing, Nomos 2019) 68.

③ HLEG AI, ‘A Definition of AI: Main Capabilities and Disciplines’ (Brussels 2019) 5.

④ Agnieszka Jabłonowska et al., ‘Consumer Law and Artificial Intelligence. Challenges to the EU Consumer Law and Policy Stemming from the Business’ Use of Artificial Intelligence’, Final Report of the ARTSY Project EUI Working Papers Law 2018/11, 4.

⑤ Jacob Turner, *Robot Rules. Regulating Artificial Intelligence* (Palgrave Macmillan 2019) 8-9.

⑥ Commission, COM (2018) 237 final, 1 (n 2).

不仅是一门技术，从欧盟对监管和治理框架展开的讨论出发，它还是一种社会经济现象。在任何情况下，人工智能作为人类智慧的产物，两者之间存在着元关系。因此，由此产生的影响显而易见，尤其是在人工智能应用支持的、以伦理为基础的决策过程中。

人工智能定义有广义和狭义之分。①广义人工智能系统是指一种信息技术，表现出达到人类水平的智能，可以执行人类能够执行的大多数活动。②狭义人工智能系统是指具体的系统，可以执行一个或几个选定任务。③目前部署的所有人工智能系统都属于狭义人工智能系统。要在实践中接近广义人工智能系统，还需要克服很多伦理、科学和技术上的挑战。常识推理、自我意识和机器定义自身目的的能力只是其中的一小部分。有些研究人员使用了弱人工智能和强人工智能这两个术语，旨在在一定程度上对应狭义人工智能和广义人工智能。④

8

目前可用的人工智能系统有很多局限性。其中一个是数据相关的局限性。系统要正常运作，关键是要明白数据是如何影响人工智能系统行为的。例如，如果数据存在偏颇（不均衡或不包容），那么使用此类数据进行培训的人工智能系统将无法进行归纳，并有可能偏向于某些群体，做出不公正的决定。人工智能系统开发人员和部署人员面临的挑战是，要如何检测和减少训练用数据集和人工智能系统其他部分中存在的偏差，这是政策制定过程中最基本的伦理关切之一。⑤本书其他章节将会进一步讨论偏见和歧视这一问题。透明度是另外一个影响人工智能系统运行且给人工智

---

① Turner (n 25) 6-7.

② Ragnar Fjelland, 'Why General Artificial Intelligence Will Not be Realized' (2020) 7 Humanities and Social Sciences Communications, 2.

③ 同上。

④ 请参见 Fjelland（n 28）2.作者对通用人工智能和强人工智能进行了区分。通用人工智能是一种类似于人类的人工智能，同时也可以被视为弱人工智能。Rex Martinez, 'Artificial Intelligence: Distinguishing Between Types & Definitions' (2019) 19 Nevada Law Journal, 1027-1028.

⑤ Nizan Geslevich Packin, Yafit Lev-Aretz, 'Learning Algorithms and Discrimination' in Woodrow Barfield and Ugo Pagallo (eds.), *Research Handbook on the Law of Artificial Intelligence* (Edward Elgar 2018) 97.

能治理带来严峻挑战的问题。在政策制定过程方面，一些机器学习技术不够透明。[①]“黑箱”人工智能的概念定义了无法追溯某些决策原因的情况。可解释性是人工智能系统的一个反向属性，允许对其行为进行解释。同样，如何达到所需的可解释性水平这一问题也尚未得到解决，但其对人工智能伦理的信任建立过程至关重要。[②]

最后，我们来回顾一下欧盟在制定政策时使用的人工智能系统的定义。第一种是由欧洲人工智能高级别专家组（HLEG AI）提出的，它将人工智能系统定义为由人类设计的软件（可能还有硬件）系统，在给定复杂目标的情况下，通过数据采集感知其环境，在物理或数字维度上运行，解释收集到的结构化或非结构化数据，根据已有知识进行推理或处理从这些数据中获得的信息，并确定为实现给定目标而采取的最佳行动。人工智能系统既可以使用符号规则，也可以学习数字模型，还可以通过分析环境受之前行为的影响来调整自身行为。作为一门科学学科，人工智能包括几种方法和技术，如机器学习（具体包括深度学习和强化学习）、机器推理（包括规划、调度、知识表达和推理、搜索和优化）和机器人技术（包括控制、感知、传感器和执行器，以及将所有其他技术集成到信息物理系统中）。[③]欧洲人工智能高级别专家组对人工智能系统的定义非常广泛，涵盖了机器人技术、基于软件的系统，还涵盖了人工智能行业目前使用的各种技术。本书中提及的人工智能也属于其最广泛的定义范畴。

9

欧洲议会在其关于人工智能伦理方面的新欧盟法规的动议中提出了一个更详细的定义，以作区分。[④]拟议的法定定义分离了人工智能、机器人

① Herbert Zech, ‘Liability for Autonomous Systems: Tackling Specific Risks of Modern IT’ in Sebastian Lohsse, Reiner Schulze, Dirk Staudenmayer (eds.), *Liability for Artificial Intelligence and the Internet of Things. Muenster Colloquia on EU Law and the Digital Economy Ⅳ* (Hart Publishing, Nomos 2019) 192.

② HLEG AI, ‘A Definition of AI’ (n 23) 5.

③ 同上。

④ European Parliament, ‘Draft Report with Recommendations to the Commission on a Framework of Ethical Aspects of AI, Robotics and Related Technologies’, 2020/ 2012 (INL) https://www.europarl.europa.eu/doceo/document/JURI-PR-650508_EN.pdf，获取于 2020 年 7 月 22 日。

技术和相关技术三个概念。①其中人工智能被理解为"包括收集、处理和解释结构化或非结构化数据、识别模式和建立模型以得出结论，或根据这些结论在物理或虚拟维度采取行动的软件系统"。机器人技术是"通过人工智能或相关技术，使机器执行传统上由人类执行的任务的技术"。最后，相关技术包括使软件能够部分或完全自主控制物理或虚拟过程的技术，能够通过生物特征识别数据检测个人身份或个人特定特征的技术，以及通过复制或以其他方式利用人类特征的技术。②

2.2 人工智能部署的法律与伦理挑战

2.2.1 机器学习

当人类考虑使用人工智能时，真正意义上的法律和伦理挑战就出现了。在此之前，从某种意义上来说，人工智能仅仅是一个有趣的智能概念。但是，人工智能在真正成型之前，要先学会学习。学习能力是任何一种智能都不可或缺的要素之一。什么是学习？学习的描述性定义是指技能，更准确地说，是一组技能，这组技能的设计初衷是使信息技术系统具有特定的功能和能力，能够识别且自我定向到所掌握的信息。换句话说，学习是指理解和处理所获取的信息。③上述定义包含了很多技能，包括机器学习、神经网络、深度学习、决策树和"很多其他的学习技巧"。但是，这个定义的最大不足在于犯了同义反复的错误，因此无论在逻辑上、认知上还是语义上都没有起到解释说明的作用。尽管这些技能允许人工智能系统学会解决给定问题，但是却没有明确学习到底是什么。④虽然这些 10

---

① van den Hoven van Genderen, 'Legal Personhood in the Age of Artificially Intelligent Robots' (n 11) 229.

② European Parliament, 2020/2012 (INL) (n 35) art. 4 (a-c) of the proposed regulation.

③ Luciano Floridi, *The 4th Revolution. How Infosphere is Reshaping Human Reality* (Oxford University Press 2016) 37.

④ 然而，该定义是指问题的复杂性，因为这些问题要么无法预先指定，要么其解决方法无法用符号推理规则来描述。对感知能力提出的问题包括语音和语言理解，以及计算机视觉或行为预测。

问题对于人类来说似乎很简单，但对于非人类系统来说却不简单。对于人工智能系统来说，学习困难的原因在于人类学习依赖于人类自身的认知能力和常识推理。然而，在这种情况下，常识超出了共性本身，无法通过扩大上传到系统的案例数量来轻松复制。当系统需要解释非结构化数据时，就更加困难了。在类人学习方面，机器学习技术取得了很大进展。①其中一些技术，如语言理解等，存在争议，被认为不属于学习的范畴，而是更多指一种处理技术，也就是解释。

三个最常见的机器学习技术分别是监督学习、无监督学习和强化学习。②在机器监督学习中，系统输入的是输入输出行为这方面的例子。开发人员使用带标签的数据集教育系统，系统处理给定数据，确定拥有相同特征的项目的类似性。系统会根据所示的情况，以及未显示但将来可能实际发生的情况，归纳给定的示例，以便能够相应地进行操作。机器监督学习的问题之一与认知困难有关。这是因为，在通常情况下，系统会收到大量示例，如图片或语音样本，并通过编程进行解释。如果系统收到了足够多且对应不同情形的示例，学习算法将会进行归纳，并做出解释，正确区分系统之前未接触过的图片或语音。③这个技术的不足在于数据（在本例中是图片或声音）的数量总是仅限于那些已知的示例。机器学习的一些技术涉及神经网络概念，其构造类似于人类神经系统，它将许多相互连接的小型处理单元连接起来。④实际上，神经系统是系统结构的一个特征，其本身并不能解决学习结果的效率和准确性这一更为根本性的问题。因此，机器学习指的是那些从一组数据中派生出来的智能代理，算法在其基础上

11

① 人们希望在除感知之外的其他任务中也使用机器学习技术。因此根据分析数据、计算决策的数学数字公式设计机器学习技术。

② 在机器监督学习中，正常上传到系统的行为规则被输入输出行为过程的示例所取代。根据设计初衷，系统将通过给定的例子进行归纳。虽然未来的情形未包含在已上传的例子中，但预计系统能够根据历史行为模式推断出未来的情形。

③ Beever, McDaniel, Stamlick (n 13) 89.

④ 神经网络的输入指从传感器输入的数据，输出是对数据的解释。对例子的分析将对连接进行调整，使之符合例子展示的内容。经过培训和测试，我们期望神经网络在解释数据时会尽可能精确。

运行，以完成指定目标。①

鉴于所有机器学习技术都有一定比例的误差，因此任何问题解决系统的一个基本特征就是准确性，这是一个可以根据正确率来衡量系统效率的标准。解决机器学习难题的方法，除了神经网络，还有随机森林和增强树、聚类方法、矩阵因子等其他方法。其中，深度学习是最成功的方法之一。这种方法指的是，通常任何神经网络输入和输出之间都有多个层次，允许其在接下来的连续步骤中学习一般的输入输出关系。这确保了更高的准确率并且避免了过多的人力指导、检查和纠正。

强化学习是另一种机器学习，更准确地说，是一种为实现机器学习功能而设计的教学方法。在强化学习中，系统需要自己做出决定，在做了对的决定时，会收到恰当的奖励信号。其目的是通过将系统收到的正面激励最大化来提升准确率。这种学习-教学方法广泛应用于市场营销和各种销售软件中，向买家推荐其想要购买的产品或服务。②

机器学习技术在各种感知任务中都很有用，比如文本、图片或声音（语音）识别。在那些不能使用符号行为规则定义或描述的任务中，它们也很有用。 12

通过传感器进行的机器学习指的是准感知能力。在实践中，系统的传感器可以是任何输入设备，比如摄像头、麦克风、键盘、网站等，或者是测量温度、压强、距离、力等物理量的设备。很显然，只有传感器与环境数据相关联时，系统才能从数据分析中学习，从而实现给定目标。

系统的感知能力应该根据收集到的数据，包括结构化数据或非结构化数据，进行设计，允许系统进行学习。根据预定义模型组织的结构化数据通常用于关系数据库分析。未知的和未预定义的非结构化数据通常包含随

① Allan Schuller, 'At the Crossroads of Control: The Intersection of Artificial Intelligence in Autonomous Weapon Systems with International Humanitarian Law' (2017) 8 Harvard National Security Journal, 404.

② Frank Pasquale, *The Black Box Society. The Secret Algorithms That Control Money and Information* (Harvard University Press 2015) 61.

机、与上下文无关的片段，如图像、声音或文本。①

机器学习不需要使用现有知识，也不需要仔细识别变量之间的关系。得益于这个特点，它可以参考更广泛的内容，并提供比人类判断或统计公式更深入的分析。②输入了新数据后，机器学习系统确实运行更快、效率更高，还能搜索新的模式、重新审视此前的预测。③

2.2.2 机器推理

机器推理的方式多种多样，但饱含争议。其中的一种，就是人工智能系统自身进行感知、推理、决策、驱动、验证和实施，并进行简单的描述。这使得我们能够描述目前用于构建人工智能系统的大多数技术。这些技术不仅指各种能力，还指系统分析的各个阶段。在意见统一的情况下，它们可以分成学习和推理两大类，后者是决策前的最后一个步骤，因此成为伦理困境的核心问题。

推理和决策是包括搜索、知识表达、逻辑推理计划、调度、优化（包括纠正和重新跟踪）在内的一组技术。这些技术允许对来自代理和传感器的数据进行推理。要做到这一点，需将数据转换为知识，因此，人工智能系统的编程要找出如何最好地为这些知识建模的方法。这个过程被定义为知识表达。一旦知识被建模，系统就会对其进行处理。这一推理阶段包括将搜索、计划和调度相互关联，通过符号规则进行交互并分析大量的解决方案。然后，优化功能会在所有可能的解决方案中选择最合适的方案。最后，系统决定应该采取何种行动。推理和决策结合了本书所描述的方法和技术，是人工智能系统中较为复杂且拥有较多层次的部分。④

13

推理模块使用传感器收集数据和信息，进行处理，并选择达成目标所

---

① HLEG AI, 'A Definition of AI' (n 23) 2.

② Geslevich-Packin, Lev-Aretz (n 31) 88.

③ Cary Coglianese, David Lehr, 'Regulating by Robot: Administrative Decision Making in the Machine-Learning Era' (2017) 105 Georgetown Law Journal, 1159.

④ HLEG AI, 'A Definition of AI' (n 23) 3.

需的解决方案，是人工智能系统的核心。这意味着其中存在一个子阶段，在此阶段，传感器收集数据，系统处理数据，并将其转换为推理模块可以理解的信息。换句话说，应用程序或传感器为人工智能系统提供与给定任务相关的数据，然后由推理模块进行处理。该模块根据从数据中提取的信息，确定最佳行动，实现给定目标。对于人类来说，决定是否对某事采取行动似乎很容易，但对于机器来说，这可能并不容易，因为信息几乎都不是简单的 0-1 二进制选择。推理模块必须有能力解释数据，然后才能做出决定。这意味着，推理模块要在考虑所有相关数据后有能力把数据转换为信息，并以简单的方式准备和调整信息。推理模块还必须处理这些信息，生成数字数学公式，以决定要采取的最佳行动。

由于机器要采取的行动可以是任何行为，因此，人们建议更宽泛地理解其执行的决定，不应理解为人工智能系统是完全自主的。①在大多数使用人工智能的设备中，“决策”是向人类提供的提议或建议，而人类通常才是最终的决策者。②

做出决定后，人工智能系统就会通过可用的执行器开始执行。执行器可以基于物理，也可以基于软件。人工智能系统会产生信号，激活执行器或文本生成器，例如聊天机器人，以响应对方的请求（无论对方是否为人类），如果所执行的动作改变了环境，那么系统将不得不再次使用传感器，并从改变的环境中感知可能不同的信息，然后再次进行相应解释，这次做出的解释或许会与此前不同。 14

与人类推理类似，人工智能系统无法总是选择最恰当或最精准的动作以达成给定目标。这可能是因为它们只能实现所谓的有限理性。其限制性源于资源有限、时间制约、程序上存在不足或缺陷，甚至是计算能力的欠缺。

人工智能系统拥有复杂程度不同的合理化能力。最基础的系统可以改

① Beever, McDaniel, Stamlick (n 13) 147.

② HLEG AI, ‘A Definition of AI’ (n 23) 3.

变环境，但是无法随着时间的推移调整自身建议或行为从而提升实现目标的准确率。一些复杂的学习理性系统在采取给定行动后，能够通过传感器代理评估已改变的环境，并运用更高效的计算模块决定所采取行动的效率。然后，再通过采用推理规则和决策方法，获得更好的结果。①

2.2.3 机器人技术——具身人工智能

机器人技术也被称为具身人工智能，是指完成某种物理操作的人工智能。机器人是一种物理机器，其设计初衷是应对物理动力学、不确定性和复杂性问题。机器人系统的控制架构整合了感知、推理、学习、行动，以及与其他系统交互等功能。机器人系统的复杂性在于，在设计和运行时，除了人工智能系统，机械工程、控制理论和控制论等多个其他学科也在发挥作用。机器人包括机械臂、自动驾驶车辆、仿人机器人、机器人设备、无人机等。②

机器人人工智能包含各种分支学科和技术，因此复杂程度颇高。机器人技术还依赖其他不属于人工智能领域的技术。然而，由于机器人技术是人工智能的最终体现，为此需要在更广大的范围内把它作为人工智能部署所面临的一个挑战进行讨论。③

---

① HLEG AI, 'A Definition of AI' (n 23) 3.

② Giovanni Comande, 'Multilayered (Accountable) Liability for Artificial Intelligence' in Sebastian Lohsse, Reiner Schulze, Dirk Staudenmayer (eds.), *Liability for Artificial Intelligence and the Internet of Things. Muenster Colloquia on EU Law and the Digital Economy Ⅳ* (Hart Publishing, Nomos 2019) 174.

③ 这一特点已经足以将机器人技术置于多学科和多利益攸关者的欧洲人工智能高级别专家组对人工智能挑战的最关键分析领域中，其主要目标是开展关于人工智能伦理和人工智能政策的讨论。HLEG AI, 'A Definition of AI' (n 23) 4.

3

欧盟人工智能领域的政策制定

3.1 导　　语

为支持人工智能的发展，欧盟出台了一系列政策，并将其视为一种可信赖的工具。基于此，欧盟颁布实施了各种举措，确保人工智能的发展符合《马斯特里赫特条约》和《欧洲联盟基本权利宪章》的伦理观和社会价值观。因此，先决条件是，无论人工智能的系统有多复杂，人们不仅应该信任人工智能，还应该在个人生活和职业生涯中享受人工智能带来的益处。欧盟的目标是打造一个有利于人工智能创新的生态系统。欧盟不仅期望人工智能开发者遵守一致认可的价值观，还努力创造一个友好的环境，让主要参与者获得足够的基础设施、所需的研究设施、有用的测试环境、可用的财政手段、适宜的法律框架和匹配的技能水平，从而激励他们投身于人工智能系统的部署中。欧盟在其越来越多的政策文件中反复强调欧洲要成为世界领先市场的雄心，以及开发和部署伦理、安全必备和技术前沿的人工智能的愿景。欧盟希望秉持以人为本的理念，通过其在人工智能这一领域的全球领导力促进人工智能的发展。

自 2017 年 9 月爱沙尼亚作为欧盟轮值主席国组织召开数字峰会以来，人工智能一直是欧洲理事会和欧盟理事会议程中的重要议题。在制定人工智能相关政策的过程中，欧盟委员会和在其主持下运作的高级别专家组发挥了关键作用，下文 3.3 节将简要分析其活动和政策文件。总的来说，欧盟关于人工智能的协调政策规划主要是为了最大限度地鼓励发挥整个欧盟的协同作用，贯彻相关知识并开展最佳方案交流活动，在谨慎考虑所引入解决方案的伦理问题后，共同确定前进的道路。协调政策的前瞻性目标是提升欧盟在全球竞争中的影响力，并在健全的监管框架下运作，制定受所有利益攸关方尊重的伦理标准。

16 2018 年 4 月，欧盟委员会在其《欧洲人工智能通报》[①]中提出了一项欧洲人工智能倡议，并指出了其主要支柱。这份通报提出欧洲人工智能倡议的目的是：①发展欧盟的技术和工业能力，促进整个经济领域（包括私营和公营领域）对人工智能的应用，其中包括投资研究和创新，优化数据获取途径。②为人工智能带来的社会经济变革做好准备——这些变革将对教育、劳动力市场和社会保障体系产生影响。这就需要预测即将发生的变化，并支持当前的现代化进程。③调整伦理和法律框架。这些框架应以欧盟的价值观为基础，并符合《欧洲联盟基本权利宪章》的规定。这包括即将出台的关于现有产品责任规则的指导意见，对新出现的挑战进行详细分析，并通过欧洲人工智能联盟与利益攸关方合作制定人工智能伦理准则。

为了加速推动与人工智能相关的变革，欧盟成员国与挪威和瑞士均同意采用滚动协调计划，预计每年对该计划进行监控和审查。[②]2018 年 12 月通过了该计划的第一版[③]，主要涉及欧盟 2019 年和 2020 年在该财政框架下开展的活动。该版本的计划预计将定期更新到 2027 年，以便与欧盟多年财政框架日历保持一致。欧洲人工智能计划的总体要求与欧盟政策的总体理念没有太大区别，主要是希望回应公民诉求、社会需求，并培养竞争力。

欧洲在人工智能行业的地位举足轻重。欧盟是世界人工智能研究中心之一，成立于 1988 年的德国人工智能研究中心（DFKI）是全球人工智能领域最大的研究中心之一，欧洲也聚集了以科学和工程为重点的老牌公司

---

① Commission, COM (2018) 237 final (n 2).

② 欧盟成员国的欧洲工业数字化和人工智能小组与欧盟委员会在 2018 年 6 月至 11 月讨论了可能的合作领域。

③ Commission, COM (2018) 795 (n 3) 1. 3.3 节将更详细地讨论欧盟委员会的计划。

或初创企业。尽管人们普遍认为，欧盟仍是全球 1/3 的精细农作、安全、健康、物流、运输、空间、工业和专业服务机器人等领域的制造商，但这些领域越来越依赖人工智能。除此之外，欧盟还开发和利用各种平台，通过量身定制智能企业和电子政务解决方案的应用程序提供企业对企业服务。① 17

然而，欧盟面临的主要挑战是如何在人工智能技术经济部署中取得全球竞争力。目前采用了数字战略的企业仅占少数，并鲜有中小型企业②，其中只有 1/5 实现了高度数字化，1/3 的劳动力仍然不具备基本的数字技能。③

人工智能方面的进展为以下领域创造了全新机遇：个性化和精密医疗、自动驾驶、金融科技、先进制造、基于空间的应用、智能电网、可持续的循环经济和生物经济、犯罪活动（如洗钱、税务欺诈）侦测调查、媒体等。④

要在欧洲有效推广人工智能，需要进行适当的数字化转型，这可以通过升级现有基础设施和完成数字化单一市场的监管框架的构建来实现。此外，还需要迅速通过欧盟委员会关于欧洲网络安全工业、技术和研究能力中心以及国家协调中心网络部门的提案。⑤其他所需措施和条件包括：通过频谱协调加强连接、极速的 5G 移动网络和光纤、新一代云技术以及卫星技术。⑥随着我们过渡到使用新的计算、存储和通信技术的未来，高性

① Commission, COM (2018) 237 final (n 2) 3-5.

② 在 2017 年，25%的欧盟大型企业和 10%的中小型企业使用了大数据分析技术。

③ 参见 https://ec.europa.eu/digital-single-market/digital-scoreboard，获取于 2020 年 7 月 22 日。根据 McKinsey ‘Digital Europe: Realizing the Continent’s Potential’ (2016) https://www.mckinsey.com/business-functions/mckinsey-digital/our-insights/digital-europe-realizing-the-continents-potential#，获取于 2020 年 7 月 22 日。与美国同行相比，在数字前沿运营的欧洲公司只达到 60%的数字化水平。

④ Ugo Pagallo, Serena Quattrocolo, ‘The Impact of AI on Criminal Law, and Its Twofold Procedures’ in Woodrow Barfield, Ugo Pagallo (eds.), *Research Handbook on the Law of Artificial Intelligence* (Edward Elgar 2018) 387.

⑤ COM (2018) 630. 该程序还在进行：https://eur-lex.europa.eu/legal-content/en/HIS/? uri=CELEX:52018PC0630，获取于 2020 年 7 月 22 日。

⑥ 如欧盟拥有的全球卫星导航系统——伽利略导航卫星系统。

能计算和人工智能将越来越多地交织在一起。此外，应该提供容易获得并且可负担的基础设施，以确保欧洲各地采用的人工智能可以互相兼容。欧盟的小型企业和初创公司应能够将这些技术整合到新产品、服务、流程和技术中。因此，欧盟需要对企业员工进行技能培训和再培训。标准化也将是人工智能实现互操作性和发展的一个关键。

18 一些习惯和模式也必须改变。此外，据预计，未来应进行实地数据处理（例如在联网自动驾驶中，自动驾驶汽车本身必须能够迅速作出决定，而不需要等待来自远程服务器的答复），提升处理速度，从而使计算能力更加快速流畅。这些模式的变化已经出现，节能计算架构的新技术（如神经形态和量子）对于确保能源的可持续利用将是不可或缺的。各成员国和欧盟之间已经通过 ECSEL（电子元件和系统）等联合项目建立了持续的伙伴关系。[①]处理大数据和维持人工智能进一步发展的关键在于 EuroHPC（高性能计算）和研究与创新计划“地平线 2020”计划下的量子旗舰项目。[②]

基于人工智能在安全和产品质量方面的声誉，欧洲对人工智能采取的合乎伦理的态度，旨在加强公民对数字发展的信任。对非欧洲供应商的数字依赖，以及缺乏符合欧洲标准和价值观的高性能云基础设施，会在宏观经济和安全方面带来风险，危及数据集和知识产权，并抑制欧洲联网设备［物联网（IoT）］硬件和计算基础设施的创新和商业发展。不要仅着眼于欧盟，促进这种基础设施在整个欧洲的发展也很重要。这就解释了为什么欧盟要支持建立开放源码的人工智能软件库，同时还要考虑可信赖人工智能的指导方针，并紧跟最新研究成果。通过为这种人工智能库的发展提供适当支持，在欧洲强大的专业知识基础上，企业和研究人员将能够使用由在欧洲经营的软件供应商提供的最新软件。此外，这些供应商提供的支持和培训将有助于提高欧洲企业在该领域的竞争力。同时，欧盟也需要支持

① 参见 https://europa.eu/european-union/about-eu/agencies/ecsel_en，获取于 2020 年 7 月 22 日。

② 参见 https://ec.europa.eu/digital-single-market/en/blogposts/eurohpc-joint-undertaking-looking-ahead-2019—2020-and-beyond，获取于 2020 年 7 月 22 日。

欧洲互联设备和物联网的硬件和计算基础设施的高级研究、创新和商业发展机制。[①]

下一节将着重分析围绕上述欧盟人工智能框架的三大支柱展开的政策工作。在本章中，我们将进一步讨论欧盟委员会的作用。我们的目标是将欧盟委员会制定的各种政策文件放在一个系统的时间轴上，逐步厘清政策监管过程。最后，我们将讨论欧洲人工智能高级别专家组和欧洲人工智能联盟的工作。他们通过分享专家知识，扩大参与机制，来向欧盟委员会提供必要的支持。所谓的扩大参与机制，就是通过公众的广泛参与来塑造值得信赖的监管环境。 19

3.2 欧盟人工智能框架的三大支柱

3.2.1 推动欧盟利用人工智能改进技术、提升工业生产力

欧盟人工智能框架的第一个支柱与利用人工智能改进技术、提升工业生产力的需求有关。人工智能被认为是一种可以通过必要的数字转型来引入的“关键使能”技术，而这也是欧洲各经济领域迫切需要的。[②]应用人工智能应适应快速发展的数字经济需求。在数字化过程中，政策制定者应该重点关注中小微企业的发展。欧盟应该在供需关系两端，通过扶持政策和投资机制，改善各领域的技术和服务。其中一个优先事项是，公共和私营机构必须抓住创新人工智能解决方案的开发及其在不同领域的应用所带来的机遇。为了促进和加强对人工智能的投资，并最大程度扩大其在公共和私营部门的影响，欧盟委员会、各成员国和私营部门必须共同努力。只有欧盟委员会和成员国共同努力，才能通过联合规划将投资引向同一方向，并利用大量私人投资，这样一来，欧洲才会作为一个整体在人工智能领域产生影响，并建立其战略自主权。“地平线 2020”计划就是他们所运

① HLEG AI, ‘Policy and Investment Recommendations’ (n 5) 30.

② High-Level Strategy Group on Industrial Technologies, ‘Report on Re-finding Industry’ (n 2).

用的一种方式。该计划有助于为人工智能的新伙伴关系规则（包括机器人技术和大数据以及研究和创新议程）铺平道路，因为它正是在不同的公私伙伴关系中所提出的。他们所使用的方式还包括为促进人工智能的使用建立专门网络的学术研究。欧盟委员会宣布，它将与成员国、工业界和学术界一起就人工智能的共同研究和创新议程采取联合措施。这样做的目的是发展欧盟的人工智能创新生态系统，促进所有有志于此的参与者密切合作，以加强整个人工智能价值链的竞争力。①

欧盟还为关键行业建立了多利益攸关方行业联盟，让更多的利益攸关方参与进来，从而促进人工智能生态系统的良性发展。这些公私伙伴关系联盟将工业界、学术界、公共部门和民间社会组织，以及政策制定者聚集在一起，以便从行业出发，持续分析人工智能系统带来的挑战和机遇。②希望他们能采取具体行动来满足具体领域的需求，尤其是制定有针对性的政策和找出有力的促进因素。③

欧盟应引领人工智能的技术发展，并确保这些技术能够在整个经济领域中得到迅速应用。这意味着欧盟必须增加投资来加强基础研究和科学突破，改善人工智能研究基础设施，提高人工智能在关键部门（从卫生部门到运输部门）的应用，并促进对人工智能的理解和数据的获取。前面已经提到，为了根据欧盟的经济比重和其他大洲的投资情况增加总体投资，各级公共部门以及私营部门需要共同努力。这些投资旨在巩固人工智能的研究和创新，鼓励测试和实验，加强人工智能卓越研究中心建设，并开始向所有潜在用户（重点是中小企业）推广人工智能。

到目前为止，欧洲在人工智能方面的公共和私人研发投资达到了数十亿欧元。根据新冠疫情暴发前的计划，整个欧盟（包括公营和私营领域）将逐步增加人工智能的投资，此后的目标是每年投资超过 200 亿欧元。

欧盟委员会和欧盟成员国所开展的工作旨在促进协调和增加投资。这

---

① Commission, ‘Annex to Coordinated Plan on AI’ COM (2018) 795 final, 6-7.

② Pasquale (n 45) 192.

③ HLEG AI, ‘Policy and Investment Recommendations’ (n 5) 15-17.

使欧盟能够抓紧人工智能提供的机会来留住人才，避免沦为其他国家和地区开发的技术解决方案的买家。欧盟应该巩固其研究中心的地位，并不断创新。

欧盟成员国应该在各方面和各领域大力发展人工智能。他们应该倡议加大投资，加强从实验室到市场的研究和创新，为整个欧洲的人工智能研究卓越中心提供支持，将人工智能带给所有小企业和潜在用户，支持测试和实验，吸引私人投资，提供更多数据。[①]

在加强从实验室到市场的研究和创新中，应该对人工智能技术的基础研究和工业研究给予大力支持。应按照以人为本的范式发展“负责任的人工智能”，并以此为原则对人工智能相关研究进行支持和指导。[②]其中包括投资关键应用领域的项目，如健康、联网和自动驾驶、农业、制造业、能源、新一代互联网技术、安全、公共管理和司法等。

21

通过启动加强欧洲创新理事会（EIC）试点计划，也可以为人工智能研究提供支持。[③]作为资助机构，欧洲创新理事会将为有创新想法，并有潜力和雄心将此类想法推广到国际社会的创新者、企业家、小公司和科学家提供支持。欧洲创新理事会试点计划致力于追求开创性、有市场潜力的创新，因此，它应该促进人工智能的发展，并使这项技术成为众多项目的一部分，应用于健康、农业、制造业等领域的商业应用、高回报研究和创新项目。获得支持的项目应竭力展示以人为本的人工智能等领域的新技术范式。同时，成员国应该实施创新的金融支持设施，以帮助中小型企业实现数字化转型，包括将人工智能技术整合到产品、流程和商业模式中。[④]

2019 年，欧盟委员会召集了新兴关键技术的利益攸关方，共同制定

---

① Commission, COM (2018) 237 final (n 2) 6-12.

② 参见 Commission’s ‘Responsible Research and Innovation’ workstream: https://ec.europa.eu/programmes/horizon2020/en/h2020-section/responsible-research-innovation，获取于 2020 年 7 月 22 日。

③ 参见 https://ec.europa.eu/research/eic/index.cfm? pg=funding，获取于 2020 年 7 月 22 日。

④ Geslevich Packin, Lev-Aretz (n 31) 100.

人工智能战略研究和创新议程。它成立了一个领导人小组，由代表企业和研究机构的首席执行官级别的利益攸关方来制定议程，并作出最高级别的承诺，为人工智能的新伙伴关系发展铺平了道路。基础研究的资金由欧洲研究理事会根据科学卓越性标准提供。玛丽亚·斯克沃多夫斯卡·居里赞助的研究行动为处于职业生涯各个阶段的研究人员提供资助。此外，还有一项支持全欧洲人工智能卓越研究中心的倡议，在成员国建立以人工智能为重点的研究中心的基础上再接再厉。欧盟委员会愿意加强整个欧洲的人工智能卓越研究中心建设，并鼓励和促进这些中心之间开展合作和建立工作关系网。

如果人工智能的应用群体变得更为广泛，涵盖小企业和潜在用户，欧盟将从人工智能中获得更多好处。因此，欧盟委员会应该为所有用户提供便利，特别是中小企业、非技术领域的企业和公共管理部门，促进人工智能的普及。为了实现这一目标，欧盟委员会打算支持开发一个建立在最新技术基础上的人工智能按需平台。欧盟委员会还将鼓励所有人对这些技术进行测试，从而为所有需要人工智能技术的用户提供一个单一的接入点。其中包括知识、数据储存库、云、高性能计算能力、算法和其他工具。欧盟委员会还应支持在特定情况下分析人工智能背后的商业合理性，并帮助用户将人工智能解决方案纳入产品和服务的开发和传播过程。

22 欧盟委员会还有义务分析价值链的系统变化，以便通过测试人工智能在非技术领域的关键工业应用，加强欧洲中小企业先进生产支持中心，预测人工智能对中小企业的潜力。我们应该支持对人工智能产品和服务进行测试和实验，这对将其推向市场、确保产品和服务符合安全标准以及其自身的使用安全来说，至关重要。[①]欧盟委员会还应使政策制定者获得与新技术有关的经验，以建立一个适当的监管框架。欧盟委员会正在努力建立测试和实验基础设施并面向所有规模和地区的公司开放，计划在医疗保

---

① Cristina Amato, 'Product Liability and Product Security: Present and Future' in Sebastian Lohsse, Reiner Schulze, Dirk Staudenmayer (eds.), *Liability for Artificial Intelligence and the Internet of Things. Muenster Colloquia on EU Law and the Digital Economy Ⅳ* (Hart Publishing, Nomos 2019) 89.

健、运输、基础设施检查和维护、农业食品和敏捷生产等领域初步建立一系列人工智能产品和服务的测试和实验基础设施。

除了来自研究与创新框架计划（目前为“地平线 2020”计划）的公共资源外，足够的私人投资对于人工智能转型也至关重要。欧盟委员会需要与欧洲所有私营和公共金融机构（如欧洲投资银行）合作，制定将《伦理准则》考虑在内的投资准则。这些投资准则应促进可持续商业发展的财政支持，特别是对新技术的伦理部署的财政支持。这些投资准则的最终形式仍有待确定。它可以是一套社会公认的标准，用于证明向受支持项目提供的金融投资。所有利益攸关方，特别是行业组织，采纳伦理准则将彰显采取以人为本的价值观的技术的重要性。为了吸引私人投资支持人工智能的发展与部署，欧洲战略投资基金应参与其中，并将其作为进一步促进数字化的广泛努力的一部分。该基金作为欧洲投资银行集团的一项倡议，是欧洲投资计划的核心。因此，该基金是为人工智能项目提供融资的自然利益攸关方。[①]

值得一提的还有欧洲共同利益重大项目战略论坛。该论坛由欧盟委员会发起，旨在确定并确保为对欧洲具有战略意义的项目提供大规模融资，包括整合人工智能，以加强欧盟的工业领导地位。

在说明与人工智能产业和欧洲经济相关的主要投资领域时，我们将同时介绍支持应对社会挑战的人工智能应用的研究和创新项目，它们适用于健康、运输和农业食品等领域。除此之外，还应该通过为潜在用户提供工具箱来大力支持人工智能在整个欧洲的推广。该项工作的重点对象是中小企业、非技术公司和公共管理部门，工作内容包括提供支持和促进获取最新算法和专业知识的人工智能按需平台。有必要创建一个以人工智能为重点的数字创新中心网络，为测试和实验提供便利，而工业数据平台的建立将提供高质量的数据集。

23

目前，欧盟委员会正在进行 2021—2027 年多年期财政框架谈判。在

① 参见 https://www.eib.org/en/efsi/what-is-efsi/index.htm，获取于 2020 年 7 月 22 日。

这一时期，与人工智能有关的优先事项将包括以下几点。

（1）建立和发展一个泛欧洲的人工智能卓越中心网络。

（2）可解释的人工智能（XAI）是人工智能领域研究和发展的一个关键领域。[①]它与法律和伦理的合规性以及透明度的要求密切相关。为了提高可解释性的水平，尽量减少产生偏见或错误的风险，人工智能系统的开发方式应使人类能够理解其行为（的出发点）。

（3）与监督学习那种需要引导的机器学习类型不同，非监督机器学习不需要引导，目的是为提供给人工智能系统的数据集建立秩序，并使数据集产生意义，进而根据非结构化数据的相似性和模式来对其进行分组。

（4）能源，由于某些用来挖矿的区块链应用会消耗大量的能源，欧盟应该优先考虑支持较新的节能基础设施和应用的方案。因此，欧盟应该采取激励手段来为创新的人工智能和区块链公司融资，发展专注于人工智能的欧盟投资者网络，并通过让有意愿为此提供资金的国家银行参与进来，增加成员国的投资，激励私人投资。[②]

（5）数据效率，旨在使用更少的数据来训练人工智能算法，这一投资重点与数据共享中心的运作有关，数据共享中心与人工智能按需平台关联紧密，将促进商业和公共部门的发展。

（6）新的数字创新中心，具有在交通、医疗、农业、食品加工和制造等领域处于世界领先地位的测试和实验设施，可在监管沙盒中进行测试。监管沙盒是仍未被监管的领域的试验场。

（7）所有领域组织对人工智能的应用，包括需要欧盟成员国共同投资的公共利益应用。

（8）为人工智能的使用和发展探索联合创新采购。

欧盟委员会计划继续支持实现人工智能在高性能计算、微电子学、光子学、量子技术、物联网和云方面的技术发展。这些想法将与能源效率议

---

① 更多关于可解释性的医疗实践，参见 Andreas Holzinger et al., 'What Do We Need to Build Explainable AI Systems for the Medical Domain' (2017) 3-6 arXiv: 1712.09923v1，获取于 2020 年 7 月 22 日。

② Pasquale (n 45) 102.

程相吻合，使价值链更加环保。[①]

开发人工智能技术需要大量的数据，为其提供更多的数据成为另一个大挑战。人工智能的运行规则是，数据集越大，就越能发现数据中微妙的关系。原则上，数据丰富的环境也会提供更多的机遇。算法首先需要学习，然后才能与环境互动。[②]举例来说，我们可以想象一下，机器和流程在数字化之前，无法通过人工智能技术改进，因为在这些机器和流程从模拟形式改为数字形式之前，根本无法使用人工智能。因此，数据的可用性是打造具有竞争力的人工智能技术的关键，欧盟应该为此提供便利。

近期，为了实现公共部门的信息以及公共资助的研究成果的可重用性，欧盟委员会作出了重大努力。[③]有理由相信，随着政策措施的实施，这些数据的可重用性将得到改善，从而有助于增加数据的体量。公共当局面临的挑战是如何找到适当的政策措施来鼓励私人机构提供更多私人拥有的数据，并呼吁企业提供可供重复使用的数据。

欧盟委员会提出了一系列扩大欧洲数据空间的倡议。2020 年 2 月通过的欧洲数据战略旨在创建一个真正的内部数据市场，以便数据可以在欧盟范围内自由流动，为企业、研究人员和公共管理部门等各利益攸关方带来好处。[④]关于欧洲数据空间的其他倡议还包括（但不限于）：采用关于公共部门信息的新指令[⑤]，更新关于获取和保存科学信息的建议[⑥]或关于在经济活动中分享私营部门数据的指导。[⑦]

---

① Commission, COM (2018) 237 final (n 2) 6-12.

② Borghetti (n 22) 70.

③ 如欧盟的空间计划（“哥白尼”“伽利略”）产生的数据。Copernicus Data and Information Access Services: http://copernicus.eu/news/upcoming-copernicus-data-and-information-access-services-dias，获取于 2020 年 7 月 22 日。

④ Commission, ‘A European Strategy for Data’ (Communication) COM (2020) 66 final.

⑤ Directive (EU) 2019/1024 of the European Parliament and of the Council of 20 June 2019 on open data and the re-use of public sector information (2019) OJ L172/56.

⑥ Commission Recommendation (EU) 2018/790 of 25 April 2018 on access to and preservation of scientific information (2018) OJ L 134/12.

⑦ Commission, ‘Guidance on Sharing Private Sector Data in the European Data Economy’ (Staff Working Document), SWD (2018) 125 final.

25 所有的欧盟计划和倡议，以及数字创新中心网络，都应该为初创企业和中小微企业获得资金和所需商业化建议创造便利条件。其中一部分措施应该支持中小微企业和初创企业确定它们的人工智能转型需求，在此基础上制订计划，提出可行的金融计划以促进其转型，帮助提高员工技能。其中应该包括各种商业建议，包括投资和知识产权。①

数字创新中心网络将提供法律和其他所需的支持，以打造符合伦理准则的可信赖人工智能系统。这种支持特别体现在向在该领域没有足够资金和经验的中小微企业提供技术知识。

尽管人工智能可以为企业带来各种可能性，但目前只有一小部分企业在其业务中积极使用人工智能。这一现象在占欧洲企业99%以上、占欧盟总营业额约56%的中小企业中尤其明显。②这些中小企业的人工智能转型与大公司的人工智能转型同样重要。③仍然有将近75%的欧盟企业没有采用任何人工智能战略或计划，其中只有一小部分企业已经试行和测试其人工智能计划，这些企业报告了在扩展人工智能使用方面的困难。④根据欧盟的政策，所有行为体应该联合起来，让人工智能技术产生最大的变革效应。

为了加强人工智能政策的上述支柱，欧盟打算鼓励公司与培训机构建立伙伴关系，以确保培训方案的内容结合最先进的知识与人工智能系统的实际情况，形成从开发和测试到实施和推广的良性循环。所有这些都是以提高技能和重新掌握资源为目的的。

---

① Jeremy A. Cubert, Richard G.A. Bone, 'The Law of Intellectual Property Created by Artificial Intelligence' in Woodrow Barfield, Ugo Pagallo (eds.), *Research Handbook on the Law of Artificial Intelligence* (Edward Elgar 2018) 412.

② 更多信息请参见 the European Commission's latest annual report on SME's (2018-2019) https://op.europa.eu/en/publication-detail/-/publication/cadb8188-35b4-11ea-ba6e-01aa75ed71a1/language-en，获取于2020年7月22日。

③ 参见 Eurostat statistics on small and medium-sized enterprises' total turnover in the EU https://ec.europa.eu/eurostat/web/structural-business-statistics/structural-business-statistics/sme，获取于2020年7月22日。

④ 例如，参见 Artificial Intelligence in Europe, Outlook for 2019 and Beyond (EY 2018); PwC's Global Artificial Intelligence Study: Exploiting the AI Revolution (2017).

欧盟委员会议程上的另一组任务是促进和扩大人工智能领域的创新和技术转让。在为了让消费者和商业用户享受好处而将人工智能技术引入市场的过程中，学术研究和工业研究都促进了人工智能的创新。这些举措必须通过建立明确的竞争条件、受人尊重的公认标准，以及获得公平、合理和非歧视性条件的途径得到制度上的支持。据了解，可以通过大力发展支持人工智能推动并提供可靠技术解决方案的公司来让此实现。这些公司既可以是初创企业，也可以是规模化企业、中小企业和大型公司。此外，与其他措施类似，那些推动生产和出口参与全球竞争的创新技术产品的人工智能因素也需要这些举措的支持来得以发展。[①]

26

根据欧盟委员会的说法，人工智能解决方案从研究实验室过渡到测试环境和商业市场的过程通常需要制度支持，该支持要覆盖这个链条上的所有元素，以推动创新，并创建人工智能技术公司市场，打造有吸引力的欧洲人工智能品牌。为了确保工业界参与研究和开发，欧盟应建立友好的监管环境、行政支持和制度指导。在此过程中，欧盟应该确保知识产权保护、市场竞争和国际合作机会等先决条件。这些先决条件与欧盟人工智能的第三支柱——基于欧洲价值观的伦理与法律框架相重叠。

欧盟还可以通过开展不同领域的各类人工智能竞赛和挑战驱动的研究任务来促进创新。欧盟需要优先考虑研究挑战、数据和应用，以及欧洲具有竞争优势的所有领域，以扩大可信赖人工智能的规模。同时，欧盟还需要将重点放在那些可能会通过研究有所突破的领域。这类比赛可以侧重于在开发人工智能产品和服务时注重通用设计方法和易获得性的应用。此类活动应吸引欧洲和其他地方顶尖人才，因此需要由公共计划提供资金，同时得到企业的支持，以创造社会和经济效益。

---

① Jacues Bughin et al., ‘Notes from the AI Frontier: Modelling the Impact of AI on the World Economy’ (McKinsey Global Institute 2018) https://www.mckinsey.com/～/media/McKinsey/Featured%20Insights/Artificial%20Intelligence/Notes%20from%20the%20frontier%20Modeling%20the%20impact%20of%20AI%20on%20the%20world%20economy/MGI-Notes-from-the-AI-frontier-Modeling-the-impact-of-AI-on-the-world-economy-September-2018.ashx，获取于 2020 年 7 月 22 日。

由于单个公司的网络会产生最大的经济影响，所以人工智能生态系统是由不同的利益攸关方建立的，包括面向最终用户和分包公司、初创企业、规模化企业、中小微企业、大型企业，同时也包括研究机构。所有这些公司都建立了公私合作关系，促进行业人工智能生态系统建设，确保将最新的创新从实验室带到市场。作为市场参与者和政策制定者的公共部门也需要在其中发挥作用。我们需要在“使能人工智能生态系统”的背景下看待人工智能系统的吸收、利用和扩展。①

27 有了数据、基础设施、技能、法规和投资，方可确定人工智能领域存在的机会和挑战，以及可以为社会、私营公司、公共部门参与者和研究机构带来的益处。欧盟委员会目前正在做分析，了解各领域人工智能生态系统的所有需求，并在预期影响和所需落实到位的推动因素方面提出建议。

欧洲议程认为各机构、欧盟成员国和私营部门的代表应该为可信赖人工智能创造良好的资金条件。显然，欧洲对早期创新、数字科技和人工智能的投资不足。欧盟需要协调各方努力，以确保社会能够从人工智能带来的好处中受益。要实现该目标，欧盟既需要建立一个公共筹资机制，也需要接受全球竞争。欧洲必须建立信任环境来鼓励所有利益攸关方投资人工智能技术。②

技术相关方案中的大量资金有助于管理数字化转型。尽管投资机构可能有所不同，但其方法和工具都必须适应人工智能需求的特殊性。由于目的导向的人工智能研究需要专门的长期资金来保持欧盟公司的竞争力，因此这种资金应提供给基于合作方式的研究。这样做有助于根据选定主题创

---

① 使能人工智能生态系统可被视为“合作安排，通过这种安排，企业将其各自的产品结合成一个一致的、面向客户的解决方案”。参见 Ron Adner, ‘Match Your Innovation Strategy to Your Innovation Ecosystem’ (2006) Harvard Business Review https://hbr.org/2006/04/match-your-innovation-strategy-to-your-innovation-ecosystem，获取于 2020 年 7 月 22 日。在概念上，生态系统作为理解拥有共同动机、技术、平台或知识基础的不同组织或各方之间的关系的一种手段进行运作。人工智能生态系统的成员可能以不同方式、不同程度和不同目的开发和部署人工智能技术。

② HLEG AI, ‘Policy and Investment Recommendations’ (n 5) 26.

建重要项目，而不是把精力浪费在没有国际影响力的项目上。鉴于欧盟的措施中只有少数有利于留住欧洲研究人员并吸引其他地方的优秀人才加入，因此让研究团队专注于共同的目标仍然存在困难。数据基础设施结构基金应支持所有相关举措，以协调数据共享和获取。提供数据来源和重新引导资金流以促进公私领域的合作对于提高欧洲的竞争力至关重要。

人工智能是一组技术，其中投资量在创新速度和市场份额方面起着重要作用。[1]由于数字经济的特点是进入得越晚，回报越少，因此为了获得巨大的市场份额并占有技术优势，欧洲加大相关领域的投资十分关键。[2]后进入市场者必须努力追上成熟的市场参与者。[3]但无论如何，欧盟的人工智能初创企业市场还相当小，确保欧洲经济的引擎转向人工智能并从中受益非常重要。[4]

28

公共融资对于创造更大的资金池和利用私人投资至关重要。有必要部分借助初创企业和中小微企业来加速欧洲的数字化转型。人工智能项目的共同融资是一个关键方面——欧盟成员国需要在欧洲综合运用此类投资，以吸引私营领域的额外资金。在下一阶段，这种共同融资也必须满足人工智能公司发展带来的更大投资需求。这都是为了确保扩大市场交易的融资渠道，帮助已建立的公司在数字经济的转型过程中成长壮大。

欧盟应该保持其经济体的开放性，并为创新者和投资者提供有利可图的投资环境。要实现该目标，欧盟需要创造一些有利于促进商业决策和对以人为本的人工智能进行投资的条件。这不仅指资金和其他可用的支持，还包括劳动和移民制度，通过法规创造的法律确定性，以及监管机构的商业友好态度等。所有这些举措都有助于吸引投资者。[5]在目前世界贸易存

---

① 据预测，人工智能全球市场价值快速增长，到 2025 年人工智能市场估值将从 2018 年的 95 亿美元达到 1180 亿美元。参见 Tractica, Artificial Intelligence Market Forecasts https://www.tractica.com/research/artificial-intelligence-market-forecasts，获取于 2020 年 7 月 22 日。

② Floridi, *The 4thRevolution* (n 38) 31.

③ HLEG AI, ‘Policy and Investment Recommendations’ (n 5) 26.

④ Roland Berger, ‘Artificial Intelligence-A strategy for European start-ups’ (2018) https://www.rolandberger.com/fr/Publications/AI-startups-as-innovation-drivers.html，获取于 2020 年 7 月 22 日。

⑤ HLEG AI, ‘Policy and Investment Recommendations’ (n 5) 44-46.

在不确定性和其他市场采取保护主义措施的背景下，欧盟必须继续建立其自由贸易法律框架和投资设施，同时对第三国的不公平做法采取果断行动。[①]

3.2.2 为社会经济变革做好准备

纵观历史，从电力到互联网，新技术的出现均改变了工作性质。它们给社会和经济带来巨大好处的同时也让人们产生了担忧。自动化、机器人技术和人工智能的出现正在改变劳动力市场，欧盟必须引导这种变化。这些技术可以使人类的生活变得更简单舒适。它们可以帮助人类完成重复性、费力甚至危险的任务。它们还可以帮助收集大量数据，提供更准确的信息，并做出决策，包括使用人工智能来协助医生诊断。总而言之，它们有助于提高人们的技能。在老龄化社会背景下，人工智能可以提供新的解决方案，帮助包括残疾人在内的更多人参与劳动并留在劳动力市场。随着人工智能的部署，将会出现新的工作和岗位，尽管现阶段很难或不可能预测出将会出现什么样的新工作，但某些工作和岗位将被人工智能所取代是必然的。虽然目前很难精确量化人工智能对工作的影响，但我们仍需采取行动来提前应对。不过，我们已经发现了一些基于人工智能的数字化转型相关的问题。[②]人类工作的非人化和商品化问题可能会被视为潜在威胁，需要通过监管措施加以解决[③]。在医疗或护理等领域采用智能技术（机器人）取代人类工作的非人化风险尤其突出。在这些领域中，很多时候人与人之间的互动，将会带来无形的共情价值，而人与机器互动则无法达成这种效果。这种能力是这些领域所需的，且无法完全被高效的算法取代。关于通过算法技术将工作商品化这一方面，我们将回顾与所谓的零工经济或

29

① European Political Strategy Center, 'EU Industrial Policy After Siemens-Alstom, Finding a New Balance Between Openness and Protection' (Brussels 2019) https://ec.europa.eu/epsc/sites/epsc/files/epsc_industrial-policy.pdf，获取于 2020 年 7 月 22 日。

② Comande (n 53) 168.

③ Valerio de Stefano, 'Negotiating the Algorithm: Automation, Artificial Intelligence and Labour Protection' (2018) International Labour Office, Employment Working Paper No. 246, 5.

平台经济有关的问题。其中一个问题是社会的不可见性，这给通过优步等平台提供服务的“临时工”这一特定人群的社会保障问题带来了严重影响。这些人很多时候属于自营职业者，却被特定平台背后的公司以非常细致的方式进行监控。同时，这些公司无须为这些实际上是替自己工作的人承担责任。①

人工智能对劳动力市场的影响与教育和培训政策密切相关。由于新的工作岗位将会出现，职业教育和高等教育计划理应作出相应调整，满足对新的数字化劳动力市场至关重要的新技能和能力的需求。在劳动力市场的数字化转型中，人工智能技术不可或缺，而劳动力市场的数字化转型将带来劳动力需求和供应的变化。②

在教育和培训方面，欧盟总体上面临三大挑战。首先，欧盟要让整个社会做好协助培养各种数字技能的准备。这些技能是对机器的补充且不能被任何机器取代，如批判性思维、创造力或管理。其次，有些岗位可能因自动化、机器人技术和人工智能的应用而出现大范围的转变或消失，欧盟必须重点帮扶这些岗位的员工。③这也意味着要确保所有公民，包括工人和自营职业者，都能按照《欧洲社会权利支柱》获得适当的和令人满意的社会保护。应当强调的是，自动化可能会影响社会保护的融资计划，有必要考虑社会保障体系的适宜性和可持续性。最后，欧盟需要培训足够数量的人工智能专家。关于这一点，欧盟悠久的学术传统可能会发挥作用。

30

为了研究欧盟对以上问题采取的举措，我们需要回到2016年，当时欧盟委员会通过了《欧洲新技能议程》这一全面计划，旨在让人们为适应不断变化的劳动力市场而培养合适的技能。④作为后续行动，欧盟理事会

---

① European Group on Ethics in Science and New Technologies, ‘Future of Work, Future of Society’ (Publications Office of the EU Luxembourg 2018) 12.

② High-Level Expert Group on the Impact of the Digital Transformation on EU Labour Markets, ‘Report on The Impact of the Digital Transformation on EU Labour Markets’, (Publications Office of the EU Luxembourg 2019) 16-17.

③ Comande (n 53) 169.

④ Commission, ‘A New Skills Agenda for Europe. Working Together to Strengthen Human Capital, Employability and Competitiveness’ COM (2016) 381 final.

发布了题为《提高技能的途径：成年人的新机会》的文件[1]。这份文件的目的是普及和提高人们基本的识字、识数和数字技能。此外还通过了一项关于关键能力终身学习的建议。这主要集中在培养数字能力、创业精神和创造力，同时也涉及科学、技术、工程和数学（STEM）方面。欧盟委员会还提出了一个旨在提高数字技能和能力的数字教育行动计划[2]。

欧盟委员会认为，虽然数字化将通过中等技能工作的自动化影响劳动力市场的结构，但人工智能将对低技能工作产生更大的影响。[3]在这种情况下，如果不能及早主动消除这一影响，可能会加剧欧盟人民、地区和行业之间的不平等现象。为了避免出现这一局面，针对那些因为自动化而面临工作变动或工作可能不复存在的工人，人工智能转型管理应该允许他们有机会学习其所需的技能和知识。如果掌握得当，新技术本身可以作为劳动力市场过渡期间的支持。这种预见性的方法和对人的投资是以人为本的人工智能和其他数字技术的基石。如前所述，所有这些将直接取决于是否有大量投资。国家计划对于实现技能提升的教育和培训至关重要。为所有人创造持续学习的权利，并通过适当的法律和监管要求来帮助人们实施这一权利，可以使持续学习系统适应工人的学习需求，使工人具备技术相关的技能。[4]这可能关系到受到自动化威胁的工人的职业指导和专业发展。[5]欧洲应该为人工智能制定一个类似的教学大纲和认证计划。其中一个想法是为工人提供交叉认可的培训认证，并开发一种“专业护照”以确保技能的可移植性。

31

① Council Recommendation of 19 December 2016 on Upskilling Pathways: New Opportunities for Adults［2016］OJ C 484/ 1.

② Commission, ‘Communication on the Digital Education Action Plan’ (Communication) COM (2018) 22 final.

③ Organisation for Economic Co-operation and Development, ‘Automation, skills use and training’ 2018.

④ 参见 Zech (n 32) 189.

⑤ Isabelle Wildhaber, ‘Artificial Intelligence and Robotics, the Workplace, and Workplace-Related Law’ in Woodrow Barfield, Ugo Pagallo (eds.), *Research Handbook on the Law of Artificial Intelligence* (Edward Elgar 2018) 583.

欧盟机构也将支持人才培养、多元化和跨学科工作。[①]所有这些都是为了应对人工智能带来的工作新变化，包括在开发机器学习算法和其他数字创新领域的变化。[②]这也是欧洲应努力增加人工智能培训人数和鼓励多元化的另一个原因。必须让更多的妇女和来自不同背景的人，包括残疾人，参与到人工智能的发展中来，并以包容性的人工智能教育和培训为起点，确保人工智能的非歧视性和包容性。还应该支持促进开发更加开放和灵活的教育和研究方法（包括跨学科方法），这可以通过鼓励早期未取得联合学位的人综合学习法律、心理学和人工智能等学科来实现。在新技术的开发和使用中，伦理也应得到重视，并应在方案和课程中得到体现。这不仅是为了培养最优秀的人才，也是为了创造有吸引力的环境来让他们留在欧盟。

应该加强相关举措来鼓励更多年轻人选择人工智能学科和相关领域作为职业。[③]数字技能与就业联盟支持以获得先进数字技能为目的的实习，以帮助提高代码编写技能，增加数字领域专家的数量。[④]

确保工人适应新环境并获得新的机遇将成为大众接受人工智能的关键。与其他新技术的应用推广一样，应该让社会主动接受和应用人工智能，而不是强迫社会去适应人工智能。在与社会伙伴和民间社会团体的对话中，欧盟和各国有责任共同塑造这一进程，以广泛宣传人工智能的益处。关键是使公民有能力充分利用这项技术，并使更多人思考潜在的更深层次的社会变革。

---

① 参见 https://www.cognizant.com/whitepapers/21-jobs-of-the-future-a-guide-to-getting-and-staying-employed-over-the-next-10-years-codex3049.pdf，获取于 2020 年 7 月 22 日。

② 总体而言，自 2011 年以来，欧盟的信息和通信技术专家人数每年增长 5%，创造了 180 万个就业机会，并在短短 5 年内将其占总就业人数的比例从 3%迅速提高到 3.7%。欧洲至少有 35 万个此类专业岗位的空缺，这表明存在着巨大的技能差距。参见 http://www.pocbigdata.eu/monitorICTonlinevacancies/general_info/，获取于 2020 年 7 月 22 日。

③ 为了达到这一目的，欧盟委员会最近启动了 Digital Opportunity Traineeships，参见 https://ec.europa.eu/digital-single-market/en/digital-opportunity-traineeships-boosting-digital-skills-job，获取于 2020 年 7 月 22 日。

④ 参见 https://ec.europa.eu/digital-single-market/en/digital-skills-jobs-coalition，获取于 2020 年 7 月 22 日。

考虑到即将发生的变化，为了支持负责劳动和教育政策的欧盟成员国努力适应人工智能技术的要求，欧盟委员会决定建立专门的培训计划，并与技能方面的部门合作绘制蓝图。[①]这使企业、工会、高等教育机构和公共当局团结在一起。[②]

32

欧盟还打算收集详细的分析和专家意见，以预测整个欧盟劳动力市场的变化和技能不匹配问题。更具体地说，欧盟委员会计划发表一份关于人工智能对教育影响的展望报告。包括欧盟委员会将启动试点计划，以预测未来对员工能力要求的培训标准，同时发布报告，说明人工智能对劳动力市场的影响。这也是为了鼓励企业与教育机构建立伙伴关系并保持合作，进而促使它们采取措施吸引和留住更多的人工智能人才。

欧盟下一个多年期财政框架建议包括加强对获得先进数字技能，对人工智能专业知识的支持。欧盟委员会还打算扩大欧洲全球化调节基金（EGF）目前的范围，不但包括非本地化造成的冗余，还包括数字化和自动化造成的冗余。[③]欧盟各基金，如欧洲社会基金或上述欧洲全球化调节基金，应该更加积极响应，制订更多技能提升战略计划，并将欧洲全球化调节基金的治疗性干预转变为预防性干预。除此以外，还需要制定就业政策，支持和奖励那些正在制订战略性技能提升和再培训计划的公司。对于为现有劳动力进行战略劳动力规划以提高人工智能技能的组织应给予鼓励和支持。这一工作应该在大学和咨询机构的潜在支持下组织进行。理想情况下，在引入对工作有颠覆性影响的新技术之前，雇主应先为工人制订适当的再培训计划和替代方案。[④]

多份关于劳动力市场预期发展的报告，包括世界经济论坛的《未来就业报告》，都预测在未来四年内，每两名雇员中就有一名需要大量的再培

---

① 参见 http://ec.europa.eu/social/main.jsp?catId=1415&langId=en，获取于 2020 年 7 月 22 日。

② 现在合作的重点是汽车、海事技术、空间、纺织和旅游领域，未来将涉及其他 6 个领域：增材制造、建筑、绿色技术和可再生能源、海运、基于纸张的价值链、钢铁工业。

③ Commission, COM (2018) 237 final (n 2) 12-14.

④ 更多信息请参见 http://www.ecdl.org，获取于 2020 年 7 月 22 日。

训技能。[①]该报告重申，在扩大欧洲人才库的所有战略之中，教育和培训应该成为重中之重。作为更广泛的职业支持机制的一部分，持续学习计划将在支持人们预测、适应、提高技能和再培训过程中发挥关键作用，以利用新的人工智能相关活动所创造的机会。应对数字技能挑战的持续培训活动和职业教育将成为工作保留计划的核心。同样，在人机共同工作的环境中所需要的新社会和行为技能，也需要通过持续培训活动和职业教育来获得。

33

为了能够做到这一点，应该对敏感领域的关键技能进行定义，其中，人类安全和保障应被视为防止技能退化的保障措施的关键[②]，并且要通过人工智能，在需要人类监督或干预的业务或流程中解决不合乎需要的去技能化问题。鼓励和支持制定新的技能转移和获取方案，使因自动化和人工智能更广泛应用而被裁员或面临裁员威胁的工人能够获得新技能，并凭借新技能寻求新的就业形式。随之而来的是劳动力市场的结构重塑，这也反映了劳动力市场日益依赖于数字服务和流程。[③]人工智能也可用于预测算法，预测和及时处理就业市场的变化。新技术提供的能力可以促进高级技能和工作的发展。同时，它可以帮助解决数字时代的最大挑战之一，即职业不安全感和对未来的焦虑。

在欧洲，政府、社会伙伴（如雇主、工会以及职业教育和培训机构等）是确定培训优先事项、确保跨领域和领域内供资，以及向工人提供培训的主要利益攸关方。这些利益攸关方对人工智能对就业市场的影响的认识是至关重要的。

然而，另一个话题是帮助公共当局作出合理的政策决定。对部署人工智能赋能工具的受监管实体进行有效监督，需要监管机构对人工智能有同样的了解，并把控各自监管范围内的发展趋势。有多种方法可以做

---

① World Economic Forum, ‘The Future of Jobs’ (2018) http://reports.weforum.org/future-of-jobs-2018/preface/，获取于 2020 年 7 月 22 日。

② Amato (n 75) 89.

③ Geslevich Packin, Lev-Aretz (n 31) 104.

到这一点，其中之一是通过在国家议会中设立数字事务委员会，将具有不同背景的政治家（包括人工智能专家）聚集到一起共同商讨数字事务。

教育领域的人工智能赋能技术的公共采购过程应包括对内在利益、伦理和社会影响的评估。①此类产品在教育机构中的使用不应以教师或机构的免费提供或推广使用为基础，而应基于对其伦理后果和商业或其他内在考虑的评估。应基于可信赖人工智能的关键要求来促进对教育领域现有人工智能技术的批判性和伦理性认识，并考虑制定教育领域人工智能工具的标准。②

34

3.2.3 确保基于欧盟价值观的伦理与法律框架

围绕人工智能的发展和使用建立信任和问责环，是欧洲社会成功部署和接受人工智能技术的基本前提。《欧洲联盟条约》第 2 条规定的价值观构成了欧盟公民的权利基础。③此外，《欧洲联盟基本权利宪章》汇编了公民在欧盟内部享有的所有个人、公民、政治、经济和社会权利。④欧盟拥有一个强大而平衡的监管框架可供借鉴，它可以为人工智能技术的可持续发展方法制定全球标准。在下面的内容中，我们将仅概述欧盟法律涉及的主要领域，这些领域已经在欧盟层面上作出了规定，或者由于人工智能的特殊性而需要进行修正。我们将在书中进一步对欧盟法律框架展开说明，其中部分法律与合法的人工智能法规和横向及行业性法规相关。

欧盟在个人数据保护和安全及产品责任方面设定了最高标准。《通用

---

① Beever, McDaniel, Stamlick (n 13) 107.

② HLEG AI, 'Policy and Investment Recommendations' (n 5) 35-37.

③ 《欧洲联盟条约》第 2 条："联盟建立在尊重人类尊严、自由、民主、平等、法治和尊重人权（包括属于少数群体的人的权利）的价值观之上。" 欧盟成员国共享一个 "多元化、非歧视、宽容、公正、团结和男女平等的社会"。

④ Lukasz Bojarski, Dieter Schindlauer, Katerin Wladasch (eds.), 'The Charter of Fundamental Rights as a Living Instrument. Manual' (CFREU2014) 9-10 https://bim.lbg.ac.at/sites/files/bim/attachments/cfreu_manual_0.pdf，获取于 2020 年 7 月 22 日。

数据保护条例》(GDPR)设定了原始和默认的数据保护原则，确保了对个人数据的高标准保护。[①]它保证了个人数据在欧盟内部的自由流通，包含了关于完全基于自动处理的决策（包括剖析研究）的规定。在这种情况下，数据主体有权获得关于决策逻辑的有意义信息。[②]《通用数据保护条例》还赋予个人相关权利，要求其不只根据自动决策的规定行事，同时也规定了与此相关的例外情况。[③]

欧盟委员会还在数字内部市场战略方面提出了一些建议。这是发展人工智能的必要条件。关于非个人数据自由流动的条例消除了非个人数据[④]自由流动的障碍，通过确保所有类别的数据都能在整个欧洲得到处理[⑤]，增强了人们对网络世界的信心，例如，新通过的《欧盟网络安全法案》[⑥]和拟议的《隐私和电子通信条例》也涉及这一目标。[⑦]这一点至关重要，因为公民和企业都必须能够对与之互动的技术产生信任，拥有一个可预测的法律环境，并对保护基本权利和自由的有效保障措施感到放心。为了进一步增强信任，人们还需要了解技术的运作机理，因此，探索人工智能系统的可解释性非常重要。为了提高透明度，最大限度地减少扭曲或错误的风险，人们必须能够理解人工智能系统的行动基础。像任何技术或应用程序一样，人工智能不只是可被用于正面目的，也可被用于负面目的。虽然

35

---

① Regulation (EU) 2016/679 of the European Parliament and of the Council of 27 April 2016 on the protection of natural persons with regard to the processing of personal data and the free movement of such data (GDPR) ［2016］ OJ L 119/1.

② Articles 13 (2) f), 14 (2) g) and 15 (1) h) of the GDPR.

③ Article 22 of the GDPR.

④ Regulation (EU) 2018/1807 of the European Parliament and of the Council of 14 November 2018 on a framework for the free flow of non-personal data in the European Union ［2018］ OJ L 303/59.

⑤ Thomas Burri, 'Free Movement of Algorithms: Artificially Intelligent Persons Conquer the European Union's Internal Market' in Woodrow Barfield, Ugo Pagallo (eds.), *Research Handbook on the Law of Artificial Intelligence* (Edward Elgar 2018) 543.

⑥ Regulation (EU) 2019/881 of the European Parliament and of the Council of 17 April 2019 on ENISA (the European Union Agency for Cybersecurity) and on information and communications technology cybersecurity certification and repealing Regulation (EU) No 526/2013 (Cybersecurity Act) (2019) OJ L 151/15.

⑦ 参见 https://ec.europa.eu/digital-single-market/en/proposal-eprivacy-regulation，获取于 2020 年 7 月 22 日。

人工智能创造了新的机会，但它也带来了挑战和风险。这种风险指的是安全和责任、犯罪或攻击、偏见和歧视等。①我们必须从知识产权机构和用户的角度考虑人工智能和知识产权之间的相互作用，以便以平衡的方式促进创新和法律确定性。②

鉴于人们对人工智能技术的伦理关切，欧盟采用了参照《欧洲联盟基本权利宪章》③制定的普遍准则，并将进一步推出与人工智能伦理有关的规定。④

伦理准则草案涉及工作的未来、公平、安全、保证、社会包容和算法透明度等问题。广泛地讲，它们研究了人工智能技术对基本权利的影响，包括隐私、尊严、消费者保护和非歧视等方面。伦理准则还以欧洲科学与新技术伦理小组（EGE）的工作为基础，并从其他类似工作中得到了启发。⑤欧盟委员会还广泛邀请企业、学术机构和来自民间团体的其他组织出谋献策，以取得国际社会对伦理问题的共识。⑥

36

欧盟委员会发表了一份报告，内容涉及人工智能、物联网和机器人的更广泛影响、潜在差距与方向、责任与安全框架。⑦它还支持旨在发展可

---

① 用于训练人工智能系统的输入数据不同，其输出的结果可能存在偏见。详情见 4.5.6 节。

② 使用人工智能创造作品可能会对知识产权产生影响，例如，可能会在专利性、版权和权利所有权方面产生问题，详见 6.2.4 节。

③ HLEG AI, ‘Ethics Guidelines for Trustworthy AI’ (Brussels 2019).

④ 参见 n 35.

⑤ 在欧盟层面，欧盟基本权利机构对新技术的生产者和使用者目前在遵守基本权利方面所面临的挑战进行了评估。https://fra.europa.eu/en/project/2018/artificial-intelligence-big-data-and-fundamental-rights，获取于 2020 年 7 月 22 日。欧洲科学与新技术伦理小组还出版了 Statement on AI, Robotics and ‘Autonomous’ Systems (Brussels 2018) https://ec.europa.eu/info/news/ethics-artificial-intelligence-statement-ege-released-2018-apr-24_en，获取于 2020 年 7 月 22 日。国际努力示例：Asilomar AI principles https://futureoflife.org/ai-principles/; Montréal Declaration for Responsible AI draft principles https://www.montrealdeclaration-responsibleai.com/; UNI Global Union Top 10 Principles for Ethical AI http://www.thefutureworldofwork.org/opinions/10-principles-for-ethical-ai/; IEEE, ‘Ethically Aligned Design: A Vision for Prioritizing Human Well-being with Autonomous and Intelligent Systems’ (2017) https://ethicsinaction.ieee.org/，均获取于 2020 年 7 月 22 日。

⑥ 欧盟委员会的生物伦理和科学与新技术伦理国际对话将欧盟成员国和第三国的国家伦理委员会聚集在一起，共同处理那些普遍关注的问题。

⑦ Commission, ‘Report on the Safety and Liability Implications of Artificial Intelligence, the Internet of Things and Robotics’ COM (2020) 64 final.

解释的人工智能的研究，并实施欧洲议会提出的关于建立算法意识的试点项目，召集一个健全的证据机构，并促进制定应对自动决策挑战（包括扭曲和歧视）的政策。[1]除此之外，它还支持国家和欧盟层面的消费者组织和数据保护监督机构在欧洲消费者咨询小组和欧洲数据保护委员会的协助下，培养大众对人工智能驱动的应用程序的理解。[2]

3.3 欧盟委员会的作用

3.3.1 数字化单一市场战略

欧洲经济一体化的基础是内部市场。所谓的内部市场是指一个没有内部边界的区域，在这里，货物、服务、人员和资本的自由流动和支付均会得到保证。[3]经济流程的数字化对内部市场的运作方式产生了明显的变革性影响。在意识到数字经济带来的挑战后，欧盟委员会通过了《欧洲数字化单一市场战略》。[4]数字化单一市场的概念涵盖了内部/单一市场。在数字化单一市场里，个人和企业可以进入并开展在线活动，而市场将会承诺对公平竞争的充分尊重、对消费者的高水平保护和奉行基于国籍的非歧视原则。2015 年通过的初步战略建立在三个支柱上：让在线商品和服务的获取更为便捷、保证数字网络和服务发展的适当条件以及最大限度地提高欧洲数字经济的增长潜力。[5]虽然战略中没有明确提到人工智能，但也包括了各种旨在规范使用算法的数据流或在线平台的措施。在同一时期，欧洲议会注意到了与基于人工智能的技术发展有关的问题，并就机器人的民法规则提出了广泛的建议，欧洲经济和社会委员会也注意到了该问题并就

37

---

① 参见 https://ec.europa.eu/digital-single-market/en/algorithmic-awareness-building，获取于 2020 年 7 月 22 日。

② Commission, COM (2018) 237 final (n 2) 14-17.

③ 参见 art. 26 TFEU.

④ Commission, 'A Digital Single Market Strategy for Europe' (Communication) COM (2015) 192 final.

⑤ 同上，3-4。

这一主题发表了意见。①

2017 年 5 月，欧盟委员会提交了一份数字化单一市场战略的中期审查。②这一次，欧盟委员会明确提到了人工智能，并愿意通过加强欧盟在该领域的科学和工业潜力来培育其人工智能技术。正如欧盟委员会所指出的，欧盟有望在人工智能技术、平台和应用的发展中占据领先地位，并从数字化单一市场中获益。欧盟委员会认为数字化单一市场是欧洲的主要资产，是欧盟在全球经济竞争中的优势。③欧盟委员会并没有在中期审查中对人工智能的全面监管作出任何直接承诺，只表示它将继续监控这一领域的挑战和发展。

欧洲理事会注意到了技术的快速进步与基于人工智能的技术在经济和社会生活的不同领域的推广使用，在其 2017 年 10 月的峰会上，该理事会在政治方面启动了一个适当的欧洲人工智能倡议，而该倡议被认为是“数字欧洲”项目的基础之一。欧洲理事会很重视这一问题，它已经正式邀请欧盟委员会制定必要举措，加快建立一个统一的欧洲人工智能方法。④

下一段将简要介绍欧盟这一倡议。欧盟成员国将联合或单独采取各种措施对该倡议加以补充。欧盟成员国还针对人工智能制定了自己的国家战略，让政府、研究和产业界参与其中，确保为人工智能技术提供资金和建立健全的监管环境，并在这一过程中强调伦理准则。⑤

38

---

① European Parliament, ‘Resolution of 16.02.2017 with recommendations to the Commission on Civil Law Rules on Robotics’ 2015/2103 (INL); European Economic and Social Committee, ‘Opinion on AI’ INT/806-EESC-2016-05369-00-00-AC-TRA.

② Communication, ‘The Mid-Term Review on the Implementation of the Digital Single Market Strategy. A Connected Digital Single Market for All’ (Communication) COM (2017) 228 final.

③ 同上。

④ European Council meeting (19 October 2017) -Conclusions, EUCO 14/17 http://data.consilium.europa.eu/doc/document/ST-14-2017-INIT/en/pdf，获取于 2020 年 7 月 20 日。

⑤ 塞浦路斯、捷克、丹麦、爱沙尼亚、芬兰、法国、德国、拉脱维亚、立陶宛、卢森堡、马耳他、荷兰、葡萄牙、斯洛伐克、西班牙和瑞典等欧盟成员国已经通过了国家人工智能战略，或自主战略，或更广泛的数字化和数字化转型战略的组成计划。奥地利、比利时、保加利亚、克罗地亚、希腊、匈牙利、爱尔兰、意大利、波兰、罗马尼亚和斯洛文尼亚应该在 2020 年期间通过人工智能国家战略。更多详细的国家报告请参见 https://ec.europa.eu/knowledge4policy/ai-watch_en，获取于 2020 年 7 月 20 日。

除了在国家层面的运作，欧盟成员国还参与了在欧盟层面的政策制定过程。2018 年 4 月 10 日，24 个欧盟成员国和挪威签署了一份关于人工智能的合作宣言。这是欧洲各国为建立一个共同的欧洲人工智能方法而迈出的重要一步。在宣言中，各签署国将考虑最具相关性的社会、经济、伦理和法律问题。该宣言的签署国确认，他们将继续共同努力，做出强有力的政治承诺，以确保通过与经济的重要性相匹配的投资为人工智能创造竞争性市场。此外，该宣言还宣布了社会数字化转型的包容性特点。让不同层次的人都能获得技术应成为欧盟成员国的特别优先事项。公民应该有机会获得必要的能力，从而通过数字化创造的机会积极参与到政治和社会的数据征集活动中。该宣言还谈到了发展以人为本和以价值观为基础的人工智能的问题。欧盟的可持续技术方法应该创造出以欧盟的价值观、基本权利（见《欧洲联盟条约》第 2 条）以及伦理准则（如问责制和透明度）为基础的竞争优势。最后，各签署国注意到，变革性技术（包括基于人工智能的系统）可能会引起新的伦理和法律困境，例如系统或部署责任。该宣言标志着欧盟成员国和欧盟委员会之间战略对话的开始。随后，一些规定了人工智能全面监管方法的政策文件也获得了通过。[1]值得注意的是，在其他多项举措中，欧盟委员会运行了一个人工智能观察门户网站[2]——这是一个监测欧盟成员国和检测人工智能在欧洲的总体发展和影响的平台。这是围绕所有数字科技（特别是人工智能）建立可信赖的和符合伦理的监管所必需的透明度要素之一。

39

3.3.2 人工智能的通信和报告

为响应欧洲理事会呼吁采取必要的人工智能举措，欧盟委员会从 2018 年开始起草了几份政策文件。第一份重要的战略文件于 2018 年 4 月 25 日交付，该文件是上述人工智能合作宣言的后续，并作为所述宣言的

① 参见 https://ec.europa.eu/digital-single-market/en/news/eu-member-states-sign-cooperate-artificial-intelligence，获取于 2020 年 7 月 20 日。

② 参见 https://ec.europa.eu/knowledge4policy/ai-watch_en，获取于 2020 年 7 月 20 日。

合作的框架文件。欧盟委员会提出了《欧洲人工智能通报》，这标志着欧洲在人工智能方面的举措正式开始实施。[①]它的主要目标是最大限度地扩大欧盟和国家层面的投资和合作的影响，鼓励协同增效，从而确定前进的方向，确保欧盟的全球竞争力。以上讨论的欧盟关于人工智能的举措确定了欧盟建设人工智能核心，其中涉及：加强欧盟的技术和工业能力，为人工智能发展背景下即将发生的社会经济变化做好准备，最后通过适当的伦理和法律框架来规范人工智能。上述所讨论的通报对在经济、社会和法律层面所需的措施进行了深入审查，以控制人工智能技术的发展，以期确定并最大限度地扩大欧盟的社会经济利益。在《欧洲人工智能通报》中，欧盟委员会强调有必要与欧盟成员国共同准备一个关于人工智能的协调计划（该计划已于 2018 年 12 月交付）。[②]该计划的目的是提出战略框架，并在框架中侧重点明欧盟成员国在起草国家人工智能战略过程中应考虑的最重要领域。首先，该计划的主要目标是加强数字化单一市场建设，消除障碍和市场分割。此外，该计划还强调要协助初创企业和创新型中小企业发展创新的公私伙伴关系和制订融资计划，同时加强欧洲研究中心的能力建设。为了应对人工智能未来给社会结构和劳动力市场带来的变化，该计划还突出了调整各级教育系统的重要性，以使欧洲社会为人工智能做好准备。该计划还指出，另一个对人工智能至关重要的领域是数据管理和数据保护。欧盟及其成员国致力于推行基于《通用数据保护条例》[③]设计的欧洲数据保护模式，以及关于非个人数据[④]自由流动和发明常用工具的法规。这将有利于在人工智能中适当使用数据。该计划还打算促进公私合作关系。欧盟打算与私营部门一道，逐步增加人工智能在公共利益领域的使用，如医疗保健、运输、安全、教育、自然保护和能源等方面。此外，它

40

---

① Commission COM (2018) 237 final (n 2).

② Commission COM (2018) 795 final (n 3). 更详细的目标见关于人工智能合作计划的附件中。该附件指出了 2019—2020 年要采取的行动，并为随后几年的活动打下了基础。

③ 参见 n 125.

④ 参见 n 128.

们还设想在如制造服务（包括金融服务）等其他领域使用人工智能技术。

通过对人工智能协调计划进行更详细的分析，欧盟可以找出最重要的监管重点，进而确定欧洲的人工智能方法。所列的重点包括以下几点。

（1）推动对人工智能技术和应用的投资，通过符合伦理和安全的设计方法提升人工智能技术的卓越性和可信赖程度。

（2）鉴于欧洲社会对人工智能的广泛使用，确保投资监管环境的稳定性，对实验和颠覆性创新予以支持。

（3）在研究、开发和创新领域发展和实施产学合作。

（4）调整宣传和学习计划，使社会为未来的人工智能部署做好准备。

（5）支持公共行政部门的转型，使其成为使用人工智能部署系统的领头羊。

（6）促进实施人工智能基本权利的准则的可理解性、道德性和受尊重程度，以期成为符合伦理的、可信赖的人工智能的世界领导者和全球伦理标准的制定者。

（7）审查各级现有的法律框架，使其更好地适应与人工智能有关的具体挑战。①

最后，如上所述，欧盟委员会强调，欧盟需要制定一套共同的伦理准则来确保人工智能技术值得信赖、以价值为基础和以人为本，并以此为原则发展。欧洲人工智能高级别专家组（参见下文第 3.4 节）将负责制定这些准则。人工智能的协调计划及其附件将由欧盟成员国在起草其关于人工智能的国家战略时执行，同时，在欧盟一级将由其共同立法机构（欧洲议会和理事会）执行。这些立法机构将推进正在进行的立法进程，并将人工智能相关政策纳入 2021—2027 年多年期财政框架中。

在讨论的人工智能协调计划中，有两个横向领域的监管措施特别重要，即制定伦理标准和确保安全与责任方面的健全规则。在这两个领域的政策制定过程中，欧盟委员会决定借助专家的知识和经验。这些专家来自

① Commission, COM (2018) 795 final (annex) (n 3) 1-3.

专门的专家组，一个是上文提及的欧洲人工智能高级别专家组（该专家组编撰了《可信赖的人工智能伦理指南》一书①），而另一个专家组是欧盟责任和新技术专家组——新技术编队。②后一专家组负责为欧盟委员会提供协助，为制定可用于欧盟和国家层面的适用法律监管的原则起草指南。欧盟责任和新技术专家组的工作成果是报告《人工智能和其他新兴数字科技的责任》。③

41

欧盟委员会对上述专家组工作的回应包括两份文件：《关于构筑对以人为本的人工智能的信任的通报》④以及《关于人工智能、物联网和机器人的安全和责任影响的报告》。⑤在第一个文件中，欧盟委员会赞成欧洲人工智能高级别专家组起草的伦理准则，并强调该准则不具法律约束力。然而，欧盟委员会将该文件视为面向所有参与建设、开发和使用人工智能技术的利益攸关者的伦理规则和框架的一个重要来源。这份文件特别强调了两个范式，即信任和以人为本。可信赖人工智能始终将人类置于技术进步的中心，并尊重和植根于与人权和自由的欧盟价值观相一致的价值基础。

在《关于人工智能、物联网和机器人的安全和责任影响的报告》中，欧盟委员会重点关注专家组和其他利益攸关者确定的关键问题，并对该领域的现有规则和规定（主要是《机械指令》⑥和《产品责任指令》⑦）进行了评估，同时开始了更广泛的咨询过程。

值得一提的是，除了主要关注人工智能的主流政策活动外，欧盟委员

---

① HLEG AI, 'Ethics Guidelines for Trustworthy AI' (n 134).

② 欧盟责任和新技术专家组成立于 2018 年 3 月，以两个编队形式运作：产品责任指令编队和新技术编队。

③ 参见 (n 7).

④ Commission, COM (2019) 168 final (n 6).

⑤ Commission, COM (2020) 64 final (n 138).

⑥ Directive 2006/42/EC of the European Parliament and of the Council of 17 May 2006 on machinery, and amending Directive 95/16/EC (recast) (2006) OJ L157/24.

⑦ Council Directive 85/374/EEC of 25 July 1985 on the approximation of the laws, regulations and administrative provisions of the Member States concerning liability for defective products (1985) OJ L210/29.

会还着眼于其他领域。它还成立了其他专家小组，处理与人工智能监管领域有关的更具体的问题。其中一个是在线平台经济观察站专家组，该专家组正在探索数据访问[①]、在线广告和人工智能在数字平台[②]经济中的作用等方面的政策问题。 42

另一个是数字化转型对欧盟劳动力市场影响问题高级别专家组。该专家组于 2019 年 4 月提交了详细报告《数字化转型对欧盟劳动力市场的影响》，其中包含了劳动力市场当前趋势的分析、影响、挑战和政策建议。[③]

随着新一届欧盟委员会（2019—2024 年）的成立，一系列新的优先事项被宣布。[④]在众多的优先事项中，“适应数字时代的欧洲”这一优先事项包括了对人工智能的监管。2020 年 2 月，欧盟委员会提出了数字化转型的新战略《塑造欧洲数字未来》。[⑤]这份文件再次强调欧盟的技术发展必须以“欧洲方式”进行。数字解决方案必须符合欧洲社会模式、欧洲价值观和规则。欧盟委员会笃信，数字化转型是一个围绕开放、公平、多元化、民主和信任等关键欧洲特征而发展的过程。有了在此基础上建立起来的数字世界，欧盟将在全球范围内制造这一领域的趋势和制定标准。欧盟委员会的行动涉及三个主要领域：为人民谋福利的技术，有竞争力和公平的经济，以及开放、民主和可持续的社会。欧盟委员会将人工智能监管明确纳入该战略，并同时发布了《人工智能白皮书》。[⑥]人工智能技术及其监管必须建立在信任的基础上，并应立足于基本权利和价值观，特别是

① Nestor Duch-Brown, Bertin Martens, Frank Mueller-Langer, ‘The Economics of Ownership, Access and Trade in Digital Data. Joint Research Centre Digital Economy Working Paper 2017-01’ (European Union 2017) https://ec.europa.eu/jrc/en/publication/eur-scientific-and-technical-research-reports/economics-ownership-access-and-trade-digital-data，获取于 2020 年 7 月 22 日。

② 参见 https://ec.europa.eu/digital-single-market/en/eu-observatory-online-platform-economy，获取于 2020 年 7 月 20 日。

③ 参见 (n 102).

④ Commission, ‘Commission Work Programme 2020’ (Communication) COM (2020) 37 final.

⑤ 参见 https://ec.europa.eu/info/strategy/priorities-2019-2024/europe-fit-digital-age/shaping-europe-digital-future_en，获取于 2020 年 7 月 22 日。

⑥ Commission, ‘White Paper on Artificial Intelligence-A European Approach to Excellence and Trust’ COM (2020) 65 final.

人类尊严和隐私保护。欧盟委员会从如下两个角度看待人工智能。第一个角度也是主要的角度，即个人角度，欧盟应该从特定公民的角度观察人工智能，而这些特定公民是指那些应该通过新算法技术的发展保护和加强其权利的公民。第二个角度是集体角度，即整个社会的角度。从这个角度出发，欧盟不仅可以发现人工智能技术在电子政务方面的良好应用，还可以挖掘其在可持续发展政策方面的应用，例如，白皮书《欧洲绿色协议》的目标可以通过人工智能的使用来实现。①整个白皮书中被最多使用和重复的关键词是信任。欧洲的人工智能监管方法应创建“信任生态系统”。这意味着要重视法律的确定性、透明度、伦理标准，并始终将人类置于关注的中心。信任生态系统是一个概念，旨在为公民、企业和公共实体的利益服务，应该成为未来人工智能监管框架的基石。该白皮书标志着欧盟机构层面适当立法工作的开始，并涉及人工智能监管方法的所有最重要方面，其中许多内容将在本书中进一步讨论。在以下章节中，我们将讨论涉及一般的伦理标准、非技术性的监管措施以及需要监管的领域问题和横向问题。

3.4 欧洲人工智能高级别专家组

欧盟委员会在政策制定过程中获得了专门负责当前监管主题的各方面专家机构和专家组的支持。②这些专家机构和专家组是咨询性的，主要是为了向欧盟委员会就立法建议和举措的准备以及委托或执行法案的准备提供有关建议和专业知识。③如今，专家组制度已经构成了欧盟日常决策的一个要素，从其中我们不难看到治理呈专家化趋势这一现象。欧盟委员会

---

① Commission, ‘White Paper on Artificial Intelligence-A European Approach to Excellence and Trust’ COM (2020) 65 final. 2.

② 更多关于专家组在欧盟委员会决策过程中的作用、功能、类型和影响见 Julia Metz, ‘Expert Groups in the European Union: A Sui Generis Phenomenon? ’ (2013) 32 Policy and Society 268-276.

③ Commission Decision of 30 May 2016 establishing horizontal rules on the creation of Commission expert groups, Brussels, C (2016) 3301 final.

让专家组广泛参与其工作是为了引导不同利益攸关者、学术界和政府实体参与到委员会的工作中来。[①]一般来说，专家组可由五类成员组成。A类成员是为了公共利益而独立行事的个人，根据他们的个人能力予以任命。B类成员是受命在欧盟中代表特定利益攸关者组织阐述某些共同政策观点的个人。C类成员代表企业、协会、大学、非政府组织、工会、研究机构、法律和咨询公司等组织。D类成员代表欧盟成员国的公共当局（国家、地区或地方），而E类成员代表其他公共实体——联盟机构、国际组织机构或第三国的机构。[②]鉴于人工智能领域存在着涵盖技术、伦理、法律和社会等方面的复杂监管问题，欧盟必然要建立一个机构来支持欧盟委员会制定关于执行欧盟人工智能战略这一方面的政策。欧盟委员会在其《欧洲人工智能通报》[③]中已经指出，欧洲人工智能高级别专家组是一个辅助机构，主要负责在必要的科学、商业导向和多利益攸关方等方面提供支持。该专家组于2018年6月正式开始工作。专家组的成员构成均系在征集申请后根据申请者的个人能力作出任命[④]。这些成员分别代表了学术界（科技、法律与伦理专家）、工业界和民间社会。欧洲人工智能高级别专家组的内部组织包括两个工作组，分别负责各自被授予的任务。第1工作组负责起草并向欧盟委员会提出《人工智能伦理准则》，第2工作组的工作重点则是《政策和投资建议》。这两份文件已分别于2019年4月8日和2019年6月26日交付。除了这两个主要的交付成果，欧洲人工智能高级别专家组还被授权承担更广泛的任务，即担任欧洲人工智能联盟的指导小组（参见下一段），并以此来管理人工智能法规的参与机制。

44

应该注意的是，欧洲人工智能高级别专家组还与另一个常设专家

---

① Eva Krick, Åse Gornitzka, 'The Governance of Expertise Production in the EU Commission's 'High Level Groups'. Tracing Expertisation Tendencies in the Expert Group System' in Mark Bevir, Ryan Phillips (eds.), *Decentring European Governance* (Routledge 2019) 105-106.

② Commission Decision C (2016) 3301 final (n 171) art. 7.

③ Commission COM (2018) 237 final (n 2).

④ 开始时有52名成员，目前有50名。参见 https://ec.europa.eu/digital-single-market/en/high-level-expert-group-artificial-intelligence，获取于2020年7月22日。

组——欧洲科学与新技术伦理小组进行合作。该小组是欧盟委员会主席的一个独立咨询机构，自 1991 年以来一直在协助欧盟委员会进行科学和新技术伦理方面的立法工作。欧洲科学与新技术伦理小组由 15 名成员组成，这些成员均由欧盟委员会主席根据欧盟委员会第（EU）2016/835 号决定中规定的程序和条件任命。①欧洲科学与新技术伦理小组的成员均是国际公认的专家，在法律、自然科学和社会科学、哲学和伦理学领域具有科学卓越性的良好记录和欧洲及全球经验。欧洲科学与新技术伦理小组通过书面意见或声明向欧盟委员会和共同立法机构（欧洲议会和理事会）提供建议，以促进欧盟的伦理决策。其建议迄今涉及欧盟食品法以及欧盟立法的生物医学、生物伦理和生物技术方面。②目前，欧洲科学与新技术伦理小组正专注于基因编辑、人工智能和未来工作等议题，正因为如此，该小组也自然成为欧洲人工智能高级别专家组的合作伙伴。2018 年 3 月，欧洲科学与新技术伦理小组发表了《关于人工智能、机器人和“自主”系统的声明》③，为欧洲人工智能高级别专家组提供起草其伦理准则的思考基础。④欧洲科学与新技术伦理小组的一名成员将出席欧洲人工智能高级别专家组的会议，这也保证了其与专家组的两个工作组的合作。一致的欧洲伦理观对健全的人工智能监管至关重要，因此这种紧密的合作应得到积极的评价，但仍存在一些问题：这些团体的真正合法性以及两者之间可能存在的竞争关系。提到合法性问题，我们可以联想到关于欧盟决策政策的“民主赤字”的普遍和持续的辩论。⑤欧洲科学与新技术伦理小组的宪法

45

① Commission Decision (EU) 2016/835 of 25 May 2016 on the renewal of the mandate of the European Group on Ethics in Science and New Technologies, OJ L 140/21.

② 关于欧洲科学与新技术伦理小组在法律制定过程中的更多作用，请参见 Helen Busby, Tamara K. Hervey, Alison Mohr, ‘Ethical EU law? The Influence of the European Group on Ethics in Science and New Technologies’ (2008) 33 European Law Review 806-811.

③ The European Group on Ethics in Science and New Technologies, ‘Statement on Artificial Intelligence’ (n 136).

④ HLEG AI, ‘Ethics Guidelines for Trustworthy AI’ (n 134) 4.

⑤ Dorian Jano, ‘Understanding the ‘EU Democratic Deficit’: A Two Dimension Concept on a Three Level-of-Analysis’ (2008) 14 Politikon IAPSS Journal of Political Science 1.

地位不是很牢固，因为它在《欧洲联盟条约》中没有适当的法律依据，但它对立法过程的影响是不可否认的。[①]由于欧洲人工智能高级别专家组是欧盟委员会管理的专家组系统的一部分，人们也可能由此担忧其工作的透明度和商业游说者给其成果所带来的影响。要想缓解这些担忧，欧洲人工智能高级别专家组的成员结构必须保持平衡，代表企业的专家和代表学术界的专家数量不能有太大差距。然而，欧洲科学与新技术伦理小组对欧盟人工智能伦理框架的工作提出了公开批评。2019 年 1 月 29 日，在欧洲人工智能高级别专家组提交欧盟伦理准则的两个月前，欧洲科学与新技术伦理小组发表了一份声明，对欧盟伦理准则的通过流程中的缺陷表示关切。[②]尽管声明中没有提到欧洲人工智能高级别专家组的名字，但很明显，该声明针对的主要对象就是它。欧洲科学与新技术伦理小组提出的第一个问题是技术进步相对于伦理和社会价值的优先地位。该小组强调，以人为本的人工智能应该优先考虑的是人类尊严而不仅仅是人类福祉。人类尊严范式将伦理标准与基本权利联系起来，而基本权利是欧洲价值观的核心。该小组还注意到，欧洲人工智能高级别专家组混淆了拟议准则对象的法律义务与自愿承诺，这可能会引起一种感觉，即风险只是局部存在，可能会有人不遵从准则，而且也不会有人对此进行监管。此外，欧洲科学与新技术伦理小组的批评还涉及欧洲人工智能高级别专家组的成员结构，认为该专家组还需要适当平衡不同的利益方和专业领域，因为它将决定什么是对社会有益的和符合伦理的，这是一个相当重要的任务。另一个引起欧洲科学与新技术伦理小组注意的事实是，从欧洲人工智能高级别专家组的成立到伦理准则的交付，只用了 10 个月，这个时间周期太短了。在这么短的时间内准备这样一份重要的、普遍适用的并且影响未来的文件，就会令人怀疑其是否足够深刻，因此这可能有损文件的可信度和整个过程的合法性。欧洲科学与新技术伦理小组呼吁采取更多的反思方式，让社会利益

46

① 参见 Busby, Hervey, Mohr (n 177) 842.

② 参见 https://ec.europa.eu/info/sites/info/files/research_and_innovation/ege/ege_ai_ letter_2019.pdf，获取于 2020 年 7 月 22 日。

攸关者参与到更有意义的讨论和对话中——这也是该小组认为有益的一个促进因素。

上述论述一方面显示了两个机构之间的竞争苗头——欧洲科学与新技术伦理小组感到自己在伦理准则的主流工作中处于边缘地位。另一方面，欧洲科学与新技术伦理小组提出的关切是准确的，并因此让欧盟委员会在推进欧盟人工智能伦理框架的工作时适当考虑了这些关切。

3.5 在欧洲一级的人工智能领域的参与式民主（欧洲人工智能联盟）

鉴于与转型相关的挑战规模巨大，人工智能正在社会生活的各个领域充分调动各种参与者的积极性。其中包括企业、消费者组织、工会和其他民间社会机构的代表。为此，欧盟推动建立了一个广泛的多方利益攸关方平台——欧洲人工智能联盟，就人工智能的各个方面开展工作。欧盟委员会也促进了欧洲人工智能联盟与欧洲议会、欧盟成员国、欧洲经济和社会委员会、地区委员会以及国际组织之间的互动。人工智能可以在促进参与式民主方面发挥关键作用，欧洲人工智能联盟则可以帮助指导、引导和组织发挥这一作用。

欧洲人工智能联盟旨在分享最佳实践，鼓励私人投资和与开展人工智能有关的活动。它将所有相关的利益攸关者聚集起来，收集他们的想法，让他们广泛交流意见，并制定和实施共同措施，鼓励发展和使用人工智能。[①]它还负责收集与更广泛的社会期望有关的意见和要求，从而为决策者额外创造一个参与性影响渠道，特别是在新技术的部署方面。

此外，它还充当着社会与监管者双向沟通的渠道。它确保欧盟机构的作用在其政策和决策过程中得到加强。它所采用的方法旨在对监管措施进行更系统的监测和定期的事后评估，同时为利益攸关者提供协商的机会。

---

① Commission, COM (2018) 237 final (n 2) 18-19.

欧盟机构的这种咨询系统在人工智能时代尤其应该得到调整。在这个过程中应提出重要的伦理问题，同时应该部署民间社会的广泛咨询。在这种情况下，欧洲人工智能联盟作为一个重要的渠道得到进一步发展，并进一步受到信任和依赖。 47

作为一个媒介，欧洲人工智能联盟的作用是与受影响的利益攸关方就人工智能政策进行制度化对话，界定红线，讨论可能产生严重伤害风险的人工智能应用。最后，它还应该指出应该禁止哪些应用或哪些应用受到严格监管，或指出哪些应用在特定情景下将会给普通人的权利和自由带来过高的风险，其应用技术带来的影响将对个人或整个社会不利。①如果未来要建立在民主、法治和基本人权等不容讨价还价的价值观上，就应该部署人工智能系统，不断改善和捍卫民主文化，打造一个富有创新和负责任的竞争力的环境。②

参与性辩论的主要关注点应该是人工智能系统在民主进程相关场景下的使用。这包括意见形成、政治决策或选举背景。③此外，人工智能的社会影响也应得到考虑。

① HLEG AI, 'Policy and Investment Recommendations' (n 5) 41.

② Roger Brownsword, *Law, Technology and Society. Re-imagining the Regulatory Environment* (Routledge 2019) 116.

③ Floridi (n 38) 181.

4

价值先行——可信赖人工智能的伦理准则是监管方法的基石

4.1 导　语

社会政治进程引导着人类在监管人工智能方面的所有努力，并旨在通过数字科技来回答我们现在身处何处以及希望未来如何的问题。数字科技发展迅猛，这是无法否认的事实。私营企业的需求和资源驱动了研发，也推动了创新技术的发展。正是私营企业塑造了人工智能的社会应用和认知，有时学术界也有所助力。2016 年，亚马逊、苹果、DeepMind、谷歌、脸书、国际商业机器（IBM ）公司和微软等大型科技公司建立了人工智能造福人类和社会合作伙伴关系（现在称为人工智能合作伙伴关系），以探索人工智能的最佳实践、推动相关研究并开展相关公共对话。目前，人工智能合作伙伴关系共有超过 100 名成员伙伴，其中有科技、电信、咨询和媒体等行业的企业，大学、研究所等学术机构，非政府组织以及联合国机构。[①]无论上述利益攸关方的意见如何有效和重要，对于民主进程、价值观和基本权利来说，单单让私营企业和非政府实体等缺乏适当法律和政治责任的机构来承担监管人工智能的任务都是非常令人质疑和危险的，从伦理视角来看也是如此。因此，我们迫切需要由政府和非政府等多方利益

---

① 参见 https://www.partnershiponai.org/partners/，获取于 2020 年 7 月 22 日。

攸关方，在普遍和健全的基础上，不仅仅针对欧洲，采取整体性方法，携手创建“良好的人工智能社会”[①]。

如上所述，欧盟内部决定从制定严格的伦理开始启动真正的人工智能立法程序。之所以做出这样的决定，是因为在科技发展日新月异的时代，法律法规在很多情况下都是对现实的反映。[②]法规通常只是用于应对现有社会现象。考虑到这一点，我们应该着眼于其适用性，选择那些具有普遍性、持久性和灵活性的法规。道德伦理是欧洲项目的核心的价值观，是构建人工智能监管横向和纵向法规的天然基石。制定人工智能伦理要考虑三个重要方面，即以人为本、伦理嵌入设计以及将信任作为社会和法律上可接受的人工智能的主要条件。接下来将对其进行逐一讨论。

49

4.2 以人为本的人工智能

以人为本是人工智能伦理的出发点。因此，有必要反思这一概念的内容、实际重要性以及实现方式。

人工智能的以人为本可以定义为这样一个概念，即在任何关于人工智能及其发展、特点和使用的思考中，都将人类置于中心地位。如今，以人为本的理念在商业、设计和市场营销中无处不在。以人为本和以科技为中心在本质上相反，后者把系统放在设计过程的首位，在最后阶段才考虑人工操作员或用户。人们相信，在这种方法中，机器因其卓越技术享有优越性，而人类的角色相对被动，只能跟随和操作技术设备。[③]以人为本的方法则呈现出不同选择，它把人类个体及其需求和偏好放在设计、营销和商

---

① Corinne Cath et al., ‘Artificial Intelligence and the ‘Good Society’: The US, EU, and UK Approach, Science and Engineering Ethics’ (2017) 24 Science and Engineering Ethics 507-508; Turner (n 25) 209-210.

② Kris Broekaert, Victoria A. Espinel, How Can Policy Keep Pace with the Fourth Industrial Revolution https://www.weforum.org/agenda/2018/02/can-policy-keep-pace-with-fourth-industrial-revolution/，获取于 2020 年 7 月 22 日。

③ T. Hancke, C.B. Besant, M. Ristic, T.M. Husband, ‘Human-centred Technology’ (1990) 23 IFAC Proceedings Volumes, 59-60; Susan Gasson, ‘Human-centered vs. User-centered Approaches to Information System Design’ (2003) 5 The Journal of Information Technology Theory and Application 31-32.

业战略的中心。它旨在使用参与式或共情式的机制来设计思维过程，从而提高用户体验和满意度。[①]无论当前的设计概念多么有效，对以人为本的这种理解，都更应当被视为人工智能的技术性和工具导向性特征。一旦从伦理或监管的角度讨论人工智能的以人为本的特征，就应该采取更普遍和基于价值的立场。从这个意义上说，人工智能技术本身不应该是一个目标，与人类、人类的自由、需求、福祉和正义相比，它应该始终处于从属地位。以人为本不仅应该体现在通过新技术满足人类需求，它更应该是保障个人权利、增进人类福祉的理念。以人为本应该保证人类在民权、政治、社会和经济等方面享有至高无上且独一无二的伦理地位。因此，它还应该发挥保护作用，防止科技行业为了实现利润最大化，滥用隐私、自由意志、尊严甚至人类生命等基本权利和价值观。

50

以人为本不仅意味着关注个人，还意味着关注整个社会的福祉和人类生活的环境。[②]实际上，需要注意一点，以人为本的人工智能与基本权利密切相关，需要采取根植于强调人类自由和个人尊严是有意义的社会法规和宪法法规的整体性方法，而不是仅仅关注单纯的个人主义描述。因此，当劳动力市场因人工智能系统的普及而受到影响并发生转型时，应该充分考虑人类中心性，不应该使工作场所、充分的社会保障、集体代表性规则及欧洲员工享受的其他社会福利受到负面影响。此外，电子政务和电子民主应追求以价值为基础的人类中心性。在这个最易受到技术影响的行业，技术应该服务于民间社会，让政治进程变得值得信赖，同时尊重民主和法治。[③]人类中心性的问题始于以人工智能为基础的数字公共服务是否易于获取。由于本身是科技文盲或受到经济水平的制约，有些公民无法使用先进的科技工具，因此为保证良好的治理水平，政府机构应把电子公共服务

---

① Beever, McDaniel, Stamlick (n 13) 108.

② HLEG AI, 'Policy and Investment Recommendations' (n 5) 9. 另请参见，Mark O. Riedl, 'Human-centered Artificial Intelligence and Machine Learning' (2018) 33 Human Behaviour and Emerging Technologies 34. 作者把人类中心性与人工智能系统做出解释的能力联系在一起，让非专家型用户能够理解，因此可解释性是以人为本的方法的一个组成部分。

③ Brownsword (n 185) 112.

作为可选择的而不是强制性的服务。从这个意义上讲，人类中心性应该反映不歧视和平等的原则，并尊重政治和行政过程中的公民包容性。[①]

从监管角度看，人类中心性的实现形式多种多样。绝大多数情况下，需要在早期设计阶段就采取措施遵循“设计中的伦理”样板（参见下文），尊重基本伦理价值观和权利。这个方法的难点在于，人类中心性的实现依赖于算法开发实体，而他们的权利受商业秘密法规或知识产权法规的保护。[②]即使伦理准则或约束性法律对人工智能算法的正确开发和使用有规范作用，对透明度和可解释性的要求也仍然使得如何确保法律和监管机制的合规性和控制性成为真正的挑战。

以人为本的人工智能的监管方法包括采取政策、立法和对部署基于人工智能的技术的投资激励等，这些均对人类有益。这种监管方法可以提高那些把人类置于风险中的危险任务和工作的自动化程度。负责任地开发人工智能技术能提高卫生和安全标准，减少人类因工受伤、接触有害物质或危险环境的机会。矛盾的是，从这个意义上讲，以人为本意味着技术至上，这可能导致机器取代人类，并强调基于人工智能自动化的价值。[③]

51

人类中心性还可能导致采取非常严格的措施，限制甚至禁止危险技术在某些敏感行业的开发和部署。其中一个例子就是对自主武器系统生产和使用的管制，自主武器系统是能够在无人控制的情况下，选择并攻击目标的武器系统。[④]目前，究竟是仅仅管制还是禁止这种武器的使用，这一话题引起了全球热议。本书的 7.2.5 节对这个问题展开了更深入的分析。

在涉及人类中心性范本的法律与伦理问题中，有一条非常重要，这就是人工智能的法律人格权。学术界就建立人工智能系统（包括机器人）法

---

① HLEG AI, ‘Policy and Investment Recommendations’ (n 5) 9.

② Cubert, Bone (n 86) 415.

③ HLEG AI, ‘Policy and Investment Recommendations’ (n 5) 9.

④ 参见 European Parliament, ‘Resolution of 12 September 2018 on Autonomous Weapon Systems’ (2018/2752 (RSP), OJ C433/86.

人的方方面面进行了大量讨论。[1]一旦拥有法律人格权，实体就拥有了法律规定的权利和义务，即成为法律智能体，有权知晓并行使其权利，同时也受到法律的管辖。[2]将法律人格权概念适用于自然人，是基于将人理解为有知觉、有意识和理性的主体这一基本假设。法律人格权之于法律实体（如企业、基金会等商业实体），是指承认其具有法律身份和权利，可以执行经济行为并具有法律可信度。[3]2017年，欧洲议会正式通过了关于机器人技术的民事法律，由此引发了关于自主人工智能系统法律人格权的辩论。[4]欧洲议会致函欧盟委员会，建议给予机器人特殊的法律地位，至少给予最复杂的自主机器人电子人的身份，使其为自身造成的损害负责，并考虑给予能做出自主决定或独立与第三方互动的机器人以电子人格。[5]学术界对该文件的回应，主要集中在管理现有和未来责任的差距的必要性，以及避免出现对自主系统造成损害的责任认定困难的情况上。[6]冈瑟·特伯纳指出了数字化的动态，它正不断创造“无责任”的空间。[7]他注意到现有法律概念文书和工具的不足之处，即不能完全适应不断变化和进步的现实。他还对给予数字实体完全法律人格权的想法持批评意见，并在区分司法需要适应的三种新型数字风险的基础上，提出了更细致的方法。这三种风险分别为自主风险、关联风险和网络风险。就第一种风险而言，给予

52

---

① Turner (n 25) 173-205; S.M. Solaiman, ‘Legal Personality of Robots, Corporations, Idols and Chimpanzees: A Quest for Legitimacy’ (2017) 25 Artificial Intelligence Law 155; Joanna J. Bryson, Mihailis E. Diamantis, Thomas D. Grant, ‘Of, for, and by the People: The Legal Lacuna of Synthetic Persons’ (2017) 25 Artificial Intelligence Law 273; Ugo Pagallo, ‘Apples, Oranges, Robots: Four Misunderstandings in Today’s Debate on the Legal Status of AI Systems’ (2018) Philosophical Transactions Royal Society A 376; Gunther Teubner, ‘Digital Personhood? The Status of Autonomous Software Agents in Private Law’ (2018) Ancilla Iuris, https://www.anci.ch/articles/Ancilla2018_Teubner_35.pdf，获取于2020年5月25日。

② Solaiman (n 195) 157-158.

③ Robert van den Hoven van Genderen, ‘Do We Need Legal Personhood in the Age of Robots and AI’ in Marcelo Corrales, Mark Fenwick, Nikolaus Forgó (eds.), *Robotics AI and the Future of Law* (Springer 2018) 20-21.

④ 参见 (n 144).

⑤ European Parliament’ resolution on civil law rules on robotics (ibid), § 59 (f).

⑥ van den Hoven van Genderen, ‘Legal Personhood in the Age of Artificially Intelligent Robots’ (n 11) 217.

⑦ Teubner (n 198) 38.

自主软件智能体部分法律人格权就足够了，它们将因此成为具有法律能力的公司助理。[①]关联风险和网络风险则需要新的解决方案，建立人机关联成员的法律主体性，或者通过风险池搜寻解决方案。[②]

从理论上讲，赋予人工智能自主法律地位需要考虑多方面的因素，可以借鉴儿童的特殊法律地位，其部分权利和义务由成年人代为行使，或借鉴范围广泛的公司法和公司法人资格，使得企业可以拥有资产、签订合同并承担法律责任。[③]从这个意义上说，我们可以接受根据人工智能的义务而非权利来构建其法律人格的概念。对人工智能法律人格权的考虑除了上述提及的责任鸿沟外，还应把人工智能创意作品的普及、创新程度的提升和经济增长等相关方面纳入考虑。[④]将“有限责任”的概念转移到基于人工智能的系统中，并授予其有限的法律人格，这种方式可能会在人工智能工程师和设计师与人工智能作品之间建起一道防火墙，并会造成损失。当系统具有高度决策自由时，这种情况发生的概率极高。[⑤]尽管逻辑上是有限责任，但是我们应该记住“揭开公司面纱”的原则，这一原则也可能运用在“数字人”身上，导致索赔不针对“数字人”而针对其背后的自然人或法人。[⑥]

53

尽管上述理由使得接受人工智能系统拥有一定程度法律人格具有合理性，但对于这一想法，欧洲的主流意见仍然是强烈的批评。这些批评意见恰恰源自人类中心性的想法，以及对法律应保持连贯、保护自然人问题的关注。[⑦]围绕这个问题展开的具有争议性的讨论，促使人工智能和机器人专家、行业领袖、律师、医疗专家和伦理专家起草了一封致欧盟委员会的

---

① 另请参见 Zech (n 32) 195.

② Teubner (n 198) 77-78.

③ Ryan Abbott, Alex F. Sarch, ‘Punishing Artificial Intelligence: Legal Fiction or Science Fiction’ (2019) 53 UC Davis Law Review 1, 376.

④ Turner (n 25) 185-188.

⑤ 同上。

⑥ Expert Group on Liability and New Technologies-New Technologies Formation, ‘Liability for Artificial Intelligence and Other Emerging Digital Technologies’ (n 7) 38.

⑦ Bryson, Diamantis, Grant (n 198), Solaiman (n 198) 176-177.

公开信，对上述提到的欧洲议会的决议表达了极大关注。[1]公开信提出了反对授予人工智能技术适当法律地位的正当理由。[2]首先，机器人的法律地位不能参照自然人模式，不能赋予机器或数据算法基本权利（如尊严权）、公民权或社会权利（如获得报酬和公平的工作条件的权利）。同时，也不能参照法律实体模式，或参照盎格鲁-撒克逊信托模式，去假设人在机器的背后进行管理并承担责任。

有两份主要政策文件对构建人工智能法律人格的消极办法进行了阐述，很可能会影响欧盟在这个问题上的监管立法。第一份文件是欧洲人工智能高级别专家组撰写的《政策和投资建议》，该文件从总体上明确建议政策制定者规避授予人工智能系统或机器人法律人格权的想法。[3]该专家组之所以采取这种立场，是出于对尊重人的能动性、问责制和责任原则的关切，以及对造成严重伦理风险的关切。[4]

54 同样地，欧盟责任和新技术专家组——新技术编队在其报告《人工智能和其他新兴数字科技的责任》中指出[5]，不需要授予自主系统法律人格，因为这会导致一系列伦理问题。报告的论点仅仅集中在民事责任上，没有在公司法层面谈到人工智能技术，如人工智能体担任公司董事会成员的可能性等。专家认为，即使是完全自主的技术，其造成的损害也可能会给自然人或现有各类法人带来风险。因此，从纯粹的实践角度来看，为了避免引发严重的伦理关切，目前没有追求革命性法律概念的需要。

4.3 伦理嵌入设计

伦理嵌入设计是欧洲人工智能开发的一个关键概念，要求从设计之

---

① 参见 http://www.robotics-openletter.eu/，获取于 2020 年 7 月 22 日。

② 公开信使用“电子人”、“自主”、“不可预测”和“自主学习”机器人作为同义词。

③ HLEG AI, ‘Policy and Investment Recommendations for Trustworthy AI’ (n 5) 41.

④ Comande (n 53) 167.

⑤ 参见 (n 7).

初，就贯彻执行用伦理和法律规则塑造以人为本的可信赖算法社会的理念。“通过设计保护……”的概念并不新颖，这是隐私保护和数据保护领域的通用规则。《通用数据保护条例》确认，数据保护系统的关键组成部分之一是通过设计保护隐私。[①]这是一种积极主动的预防性方式，提倡在设计和选择数据处理方式时就采用合适的程序和数据保护标准，并在数据处理的全过程贯彻落实，确保全周期的数据保护。[②]把这种方式运用在与人工智能相关的技术上，就意味着开发人员、设计师和工程师要在确保符合立法或监管机构制定的伦理和法律标准上承担主要责任。与通过设计保护隐私原则类似，伦理标准应该蕴含在设计中，且成为设计过程的默认设置。就人工智能科技而言，通过设计保护伦理任务非常繁重且难以实现。这与设计方法和设计算法紧密相关，它们需要赋予自主数字智能体人工智能算法解决方案或具身智能（机器人）能力，使其能够在社会环境下做出符合人类中心原则、伦理和法律标准的决定。要在人工智能设计上真正执行伦理嵌入设计原则，需要研究员、开发人员和企业转变思想，不再追求更高的性能表现，转而追求对开发技术的信任度。[③]从监管角度看，我们应该强调，欧洲对符合伦理的可信赖人工智能的监管方法，要么建立在关于基本权利、消费者保护、产品安全和责任原则上，要么建立在无约束力的可信赖人工智能准则之上。[④]因此，如果没有连贯牢固且有约束力的法律框架，强加在人工智能开发人员和部署人员身上的伦理嵌入设计原则在执行时可能会遇到很多困难。目前，欧洲内部市场存在分裂现象，仅有少数几个国家，如德国、丹麦和马耳他，采取了关于人工智能伦理的解决方案。[⑤]这种现象要求欧盟内部实施横向的法规，欧盟委员会在《人工智能

55

---

① 参见 art. 25 GDPR.

② Ann Covoukian, ‘Privacy by Design. The 7 Foundational Principles. Implementation and Mapping of Fair Information Practices’ https://iapp.org/media/pdf/resource_center/pbd_implement_7found_principles.pdf, 获取于 2020 年 7 月 22 日。

③ Virginia Dignum et al., ‘Ethics by Design: Necessity or Curse? ’ (2018) AIES Proceedings of the 2018 AAAI/AM Conference o AI, Ethics, and Society, 6.

④ Amato (n 75) 81.

⑤ Commission, COM (2020) 65 final (n 168) 10.

白皮书》中也着重强调了这一点。[①]在撰写这些文字时，立法程序尚未正式启动，然而，2020 年 4 月，欧洲议会发布报告草案向欧盟委员会提出建议，其中包含关于人工智能、机器人和相关技术的开发、部署和使用伦理准则条例的提案。[②]即使这只是欧洲议会提出的建议且对欧盟委员会没有约束力，但因为它反映了目前欧洲立法层面围绕此问题的辩论，因此仍值得一提。尽管在普通立法程序中会有数轮修正案，该提案都展现了未来法规的一般性逻辑。提案的内容包括人类中心性、风险评估、安全性、信任、透明度、非偏颇和非歧视、社会责任、性别平衡、环境保护、可持续性发展、隐私和良好的社会治理等最重要的原则。这些原则都是需要开发人员、部署人员和用户遵循的原则，欧盟和各成员国将分别成立监管机构并共同监督其合规性。应通过合作颁布法律形成约束力，制定通用伦理标准，建立确保合规性的机制，共同保证伦理嵌入设计原则的成功应用。

4.4 可信赖人工智能的基础

4.4.1 导语——为什么信任如此重要

信任是确保人工智能以人为本的先决条件。人们普遍相信，只有坚持公平、问责、透明和监管才能实现对人工智能的信任。[③]为了让新科技得到信任，它们首先需要值得信任。信任的概念涉及多学科和多方面，从最一般的角度来看，它是假定一方接受并愿意依赖另一方的行为。信任可能有多个方面，可能存在于不同的社会环境中。它既可以被视为个人的特征，也可以被视为对社会结构和行为意图的信念。[④]信任的多学科性，使

56

---

① Commission, COM (2020) 65 final (n 168) 10.

② 参见 (n 35).

③ European Parliamentary Research Service, Scientific Foresight Unit (STOA), 'The Ethics of Artificial Intelligence: Issues and Initiatives', PE 634.452 March 2020, 29.

④ D. Harrison Mcknight, Norman L. Chervany, 'Trust and Distrust Definitions: One Bite at a Time' in R. Falcone, M. Singh, Y.H. Tan (eds.), *Trust in Cyber-societies: Integrating the Human and Artificial Perspectives* (Springer 2001) 28.

其成为心理学、管理与传播学、社会学、经济学或政治学感兴趣的领域。[①]对于法律和监管体系来说，信任的对象不是人，而是制度和社会结构。这种对制度的信任意味着个人拥有安全感，相信制度支持且有条件保护个人的生命。这个意义上的信任关注的并非是人与人的关系，而是非人对象。对技术、设备、机器和互联网解决方案的信任是制度信任的一种。为了获得信任，应该确保人工智能等新科技值得信赖。如今，在人类能力不足的行业，人们倾向于接受使用机器人和人工智能科技。同时，由于人工智能设备天生缺乏同理心和感情，人们对其在教育、医疗、残疾儿童护理方面的使用仍持保留态度。[②]最大的挑战是要在充分尊重每个民主社会价值观的情况下，确定人工智能技术在各个行业的发展方式。这是新科技的有效性的问题，也是依赖新科技的社会、政治和经济结构正常运转的问题。

由于信任是确保人工智能以人为本的先决条件，所以人工智能监管环境最重要的前提是相信人工智能发展的目标不应该是人工智能本身，而是成为服务于人类的工具，最终目的是改善人类福祉。

人们相信，可以通过围绕人工智能建立强大的法律、伦理和基于价值的环境，来实现信任。与现代民主社会相关的价值观和原则应该充分融入人工智能的设计、开发、部署和使用中。显然，建立信任是一个长期且极为困难的过程。运用机器学习和推理机制的基于人工智能的技术，可以不受人类干扰地做出决定，这引发了一些信任问题。这类人工智能应用很快将成为智能手机、自动驾驶汽车、机器人和网络应用等很多商品和服务的标准配置。然而，算法做出的决策可能来自不完整的数据，因此不太可靠。网络攻击者可以操纵算法，而算法本身也可能存在偏误。因此，如果在开发过程中不加反思地运用新科技，会带来一些问题，从而导致公民不

57

① D. Harrison Mcknight, Norman L. Chervany, 'Trust and Distrust Definitions: One Bite at a Time' in R. Falcone, M. Singh, Y.H. Tan (eds.), *Trust in Cyber-societies: Integrating the Human and Artificial Perspectives* (Springer 2001) 28. 另请参见，J. Patrick Woolley, 'Trust and Justice in Big Data Analytics: Bringing the Philosophical Literature on Trust to Bear on the Ethics of Consent' (2019) 32 Philosophy and Technology 111-134.

② Special Eurobarometer 382, 'Public Attitudes Towards Robots' (2012) 32-37.

愿接受或使用新科技。因为这些问题的存在，关于伦理和监管的思考将涉及透明度、可解释性、使用上的偏颇、数据不完整或被操纵等问题，成为人工智能发展的驱动力。欧洲政策制定机构注意到了人工智能的信赖问题。在立法程序开展前，应该保证人工智能值得信赖。欧洲人工智能高级别专家组在《伦理准则》、欧盟委员会在《人工智能白皮书》①中都计划创造信任生态系统，使公民认可身边的科技。如果没有值得信赖的科技，本可能取得的进展将会受到阻碍，其经济社会效益也将受到限制。正如《伦理准则》所述，对人工智能的信任不仅包括科技的固有属性，还包括依赖人工智能的社会系统整体、参与者和过程等更广泛的内容。系统包含个人、政府和企业，也包括基础设施、软件、协议、标准、治理和监督机制、现有法律、激励结构、审计程序和最佳实践报告等。②为了获得信任，不仅要关注所使用系统的技术，还应关注人工智能开发的各个阶段，在各个阶段都要实现性别、种族或民族、宗教信仰、健康状况和年龄等的差异性。人工智能应用应该向公民赋权，尊重公民基本权利。其目标应该是提高人类的能力而不是取代人类，同时给予残疾人使用的权利。③

《伦理准则》提出了可信赖人工智能的三个主要组成部分，即合法性、伦理性和稳健性。尝试理解可信赖十分困难，将其转换成法律法规语言似乎更加复杂。尽管如此，我们还是决定尝试通过列举人工智能的特点和标准，为可信赖系统下定义。这三个主要部分（合法性、伦理性和稳健性）搭建了可信赖人工智能定义所含的七个关键要求的框架。七个关键要求包括：人的能动性和人的监督；技术稳健性和安全性；隐私和数据管理；透明度；多元化、非歧视和公平性；社会和环境福祉及问责制。无论所处环境和行业如何，这些要求均适用于所有人工智能系统。然而，这些要求的应用方式因行业而异，与之相称，并应反映和取决于人工智能科技

58

① HLEG AI, 'Ethics Guidelines for Trustworthy AI' (n 134); Commission, COM (2020) 65 final (n 168).

② HLEG AI, 'Ethics Guidelines for Trustworthy AI' (n 134) 4.

③ Commission, COM (2019) 168 final, (n 6) 1-2.

对人类生活的影响。科技愈危险、影响愈大，应用的要求就愈严格。[①]虽然欧洲人工智能高级别专家组起草的准则并不具有约束力，也没有制定新的法律义务，但很多欧盟的现有法律均反映了这些要求。[②]

在实际运作中，这些要求共同作用并相互交叠，才能充分发挥其有效性。在欧洲，可信赖人工智能旨在促进人工智能创新得以持续发展，这将保证人工智能系统从设计、开发到应用的各个环节都具有合法性、伦理性和稳健性。根据欧洲的实践，人工智能应该值得个人和集体的信任。

确保人工智能系统的设计、开发和应用都是合法的、符合伦理要求的和稳健的，是保证竞争有序的关键。欧盟的指导方针旨在促进负责任的人工智能的创新，寻求使伦理成为人工智能开发方法的核心支柱。所有这些都是为了实现个人福利、赋权、个人保护和共同社会福利。可信赖人工智能系统将使人们相信，会有适当的措施帮助防范其潜在风险。人工智能系统的使用不受国界限制，其影响也不会受到国界限制。因此，对于人工智能系统带来的机遇与挑战，我们需要制定全球性监管措施，确保系统是值得信赖的。虽然听起来十分理想主义，但所有利益攸关方都应该朝着制定可信赖人工智能的全球框架而努力，这应该建立在达成国际共识且共同拥护基本权利方针的基础上。[③]

4.4.2 合法人工智能——基本权利及其他

法律和伦理相互交织。在人工智能领域，这种关系尤为重要，因为伦理被视为一切监管措施的基石。我们知道，遵守法律是必须的，但仅仅如此是不够的，因此以道德伦理为指导来开发人工智能会带来更多好处。[④]然而，我们应该注意到，即使伦理与法律在一定程度上相互关联，但是在

① Commission, COM (2019) 168 final, (n 6).

② Commission, COM (2019) 168 final, (n 6) 3-4.

③ HLEG AI, 'Ethics Guidelines for Trustworthy AI' (n 134) 4-5.

④ Luciano Floridi et al., 'AI4 People—An Ethical Framework for a Good Society: Opportunities, Risks, Principles and Recommendations' (2018) 28 Minds and Machines 694-695.

59 法理上，这两个概念是独立且相互排斥的。虽然伦理与法律都规定了主动和被动的义务，但是行为规范可以是符合伦理道德但不合法的，或是合法但不符合伦理道德的，或是既符合伦理道德又合法的，或是既不合法又不符合伦理道德的。①法律和伦理道德行为规范的接受者要么必须以特定的方式行事，要么必须避免采取特定的方式行事。积极正面的行为规范可以指出人们的行为倾向，或明确指出必须采取的行动。就人工智能技术而言，遵守法律规定、履行法律义务是可信赖人工智能的前提条件，而且也是建立人们急需的信任生态系统的关键。

欧洲计划在接下来的几个月内（2021—2022 年）正式通过一系列对人工智能具有横向约束力的法律。虽然缺乏针对人工智能行业的法律框架，但这并不意味着算法技术可以不受监管。国际、欧洲和各国都已采纳了具有约束力的法律条款，因此在目前的监管框架下运行的人工智能系统，实际上受到上述多层次法律系统的管理。国际法律框架以《联合国人权公约》②、《欧洲人权公约》和其他欧洲委员会公约为基础，较为笼统。③联合国和欧洲委员会正在开展相关工作，聚焦于人工智能伦理及其对基本权利的影响。2018 年 8 月，在联合国大会上，促进和保护言论自由权特派调查员提交了关于人工智能人权法律框架的报告。④该报告探讨了人工智能对言论自由权的潜在影响，并针对国家和企业提出了建议。该报告着重对公共和私营部门开展人工智能技术设计、部署和使用提出了监

---

① 参见 Guido Noto La Diega, ‘The Artificial Conscience of Lethal Autonomous Weapons: Marketing Ruse or Reality’ (2018) 1 Law and the Digital Age, 3. Author in a concise way recalls Hans Kelsen’s separation theory, Hans Kelsen, *General Theory of Law and State* (A. Wedberg tr., Harvard University Press, 1945) 363, 410-411.

② Ex. International Bill of Rights, International Covenant on Civil and Political Rights, International Covenant on Economic, Social and Cultural Rights, International Convention on the Elimination of All Forms of Racial Discrimination, Convention on the Elimination of All Forms of Discrimination Against Women, Convention on the Rights od the Child, https://www.ohchr.org/EN/ProfessionalInterest/Pages/UniversalHumanRightsInstruments.aspx，获取于 2020 年 7 月 22 日。

③ 参见 https://www.echr.coe.int/Documents/Convention_ENG.pdf，获取于 2020 年 7 月 22 日。

④ Report of the Special Rapporteur, ‘Promotion and protection of the right to freedom of opinion and expression’, A/73/348，参见 https://freedex.org/wp-content/blogs.dir/ 2015/files/2018/10/AI-and-FOE-GA.pdf，获取于 2020 年 7 月 22 日。

管建议，并建议以有效的方式将其与人权原则和伦理联系起来。有趣的是，特派调查员在强调基本权利与伦理的关系时，优先考虑了前者。调查员表示，“在人工智能背景下，人权法为个人保护提供了基本规则，而伦理框架可能有助于在其他环境下进一步开发和应用人权”①。 60

欧洲委员会积极参与人工智能监管，出台了各种关于人权管理对算法系统的总体影响的政策和分析文件②，以及涉及人工智能合法性的具体文件，如非歧视人工智能和算法决策③、生物伦理和新科技④、儿童的互联网权利⑤、文化⑥、实施电子投票标准⑦后的民主进程和欧洲选举绩效指数、教育、言论自由和多元文化⑧、打击犯罪（包括电子犯罪）⑨、性别平等⑩和公正⑪、数据保护等内容，其中，欧洲委员会根据《个人数据处理中的个人保护现代化公约》对数据保护进行监管。⑫

保障人权的国际法律文书主要针对国家层面，即国家有义务促进私营

① Report of the Special Rapporteur, ‘Promotion and protection of the right to freedom of opinion and expression’, A/73/348，参见 https://freedex.org/wp-content/blogs.dir/ 2015/files/2018/10/AI-and-FOE-GA.pdf，获取于 2020 年 7 月 22 日。

② Recommendation CM/Rec (2020) 1 of the Committee of Ministers to member states on the human rights impacts of algorithmic society (Council of Europe 2020).

③ Frederik Zuiderveen Borgesius, Discrimination, *Artificial Intelligence, and Algorithmic Decision-Making* (Council of Europe 2018) 1-51.

④ Rapporteur Report, ‘20th Anniversary of the Oviedo Convention’, Strasbourg 2017 https://rm.coe.int/oviedo-conference-rapporteur-report-e/168078295c，获取于 2020 年 7 月 22 日。

⑤ Guidelines to respect, protect and fulfil the rights of the child in the digital environment, Recommendation CM/Rec (2018) 7 of the Committee of Ministers (Council of Europe 2018).

⑥ E-relevance of Culture in the Age of AI, Expert Seminar on Culture, Creativity and Artificial Intelligence, 12-13 October 2018, Rijeka, Croatia https://www.coe.int/en/web/culture-and-heritage/-/e-relevance-of-culture-in-the-age-of-ai，获取于 2020 年 7 月 22 日。

⑦ Recommendation CM/Rec (2017) 5 of the Committee of Ministers to member States on standards for e-voting (Council of Europe 2017).

⑧ Entering the new paradigm of AI and Series Executive Summary (2019) December, https://rm.coe.int/eurimages-executive-summary-051219/1680995332，获取于 2020 年 7 月 22 日。

⑨ 参见 https://www.coe.int/en/web/cybercrime/resources-octopus-2018，获取于 2020 年 7 月 22 日。

⑩ 参见 https://www.coe.int/en/web/artificial-intelligence/-/artificial-intelligence-and-gender-equality，获取于 2020 年 7 月 22 日。

⑪ European Commission for the Efficiency of Justice (CEPEJ), *European Ethical Charter on the Use of AI in Judicial Systems and Their Environment* (Council of Europe 2019).

⑫ CM/Indf (2018) 15-final, 18 May 2018.

部门执行相关法规。私营部门在开发人工智能科技时，应该遵守与公共部门相同的标准。如今，大家仍然坚信，私营企业应该遵守标准和尊重人权。61《联合国商业和人权指导原则》[①]以及欧洲委员会《关于人权和商业的建议》[②]规定，从这个意义上讲，成员国有义务采取必要措施，要求一般商业企业以及参与人工智能设计、开发、部署和使用的企业，在业务运营的全过程开展人权尽职调查。

欧盟人工智能技术的开发者、部署者和用户受欧盟法律（包括基本法和二级法）管辖。基本法包括初创条约（如《欧洲联盟条约》《欧盟运行条约》[③]）和《欧洲联盟基本权利宪章》。[④]对于合法和符合伦理要求的人工智能来说，遵守《欧洲联盟条约》和《欧洲联盟基本权利宪章》具有约束力的相关条款至关重要。这也表明了监管环境的复杂程度和多面性。如今，基本权利被载入国际、欧洲和国家法规，对国家形成约束，同时也对人工智能科技的开发者、部署者和用户形成一定程度的约束，这将使人工智能科技具有合法性，进而满足可信赖人工智能的第一个组成要素。同时，由于具有强大公理负载，无论是否具有法律约束力，基本权利都可以被认为是所有人的个人伦理和普遍权利的反映。因此，对基本权利的遵守同时也满足了可信赖人工智能的第二个组成要素。[⑤]最重要的是，一旦欧盟机构通过人工智能[⑥]伦理方面的监管框架，伦理将成为具有法律约束力、能直接使用的有效法律力量。因此，在人工智能领域，伦理准则将具有法律地位，法律与伦理之间的联系将变得更加紧密。

---

① UN Guiding Principles on Business and Human Rights. Implementing the UN 'Protect, Respect and Remedy' Framework (2011) https://www.ohchr.org/documents/publications/guidingprinciplesbusinesshr_en.pdf，获取于 2020 年 7 月 22 日。

② Human rights and business, Recommendation CM/Rec (2016) 3 of the Committee of Ministers to member states (Council of Europe 2016). 另请参见，关于人工智能，'Unboxing Artificial Intelligence: 10 steps to protect Human Rights', Recommendation by the Council of Europe Commissioner for Human Rights (Council of Europe 2019) 9.

③ Consolidated versions of the Treaties (2012) OJ C326/13.

④ Charter of Fundamental Rights of the EU (2012) OJ C326/391.

⑤ HLEG AI 'Ethics Guidelines for Trustworthy AI' (n 134) 10.

⑥ 参见 (n 35).

根据《欧洲联盟条约》第 6 条，在欧盟，《欧洲联盟条约》《欧盟宪章》提供了对基本权利的全面保护体系，承认《欧盟宪章》与《欧洲联盟条约》具有相同的法律价值（《欧洲联盟条约》第 6.1 条），并承认由《欧洲人权公约》所保障的、源自所有成员国共同宪法传统的基本权利构成了欧盟法律的一般性原则（《欧洲联盟条约》第 6.2 条）。除了对基本权利的保护，欧盟法律体系的价值基础还来自《欧洲联盟条约》第 2 条，即关于人类尊严、自由、民主、平等和法治等价值观内容的表述。这些价值观为定义普遍、抽象的伦理准则和含义提供了重要指导，在构建以人为本的可信赖人工智能时，也应将其考虑在内。

62

在讨论欧盟对基本权利保护的特殊性时，我们应该指出，《欧盟宪章》的适用范围仅限于受欧盟法律管辖的领域。相对而言，《欧洲人权公约》的保护性更加全面，涵盖了欧盟法律管辖范围之外的领域。当《欧盟宪章》权利与《欧洲人权公约》权利相对应时，《欧盟宪章》权利的范围和含义就与《欧洲人权公约》所规定的一致，并由欧洲人权法院作出解释。另一个解释涉及成员国共同的宪法传统，当《欧盟宪章》承认源自传统的权利有效时，其含义也应与传统相协调。①

《值得信赖的人工智能伦理指南》中提到，在《国际人权法》《欧洲联盟条约》《欧盟宪章》所涵盖的一系列基本权利中，我们可以找到一组对人工智能系统的开发、部署和使用具有特殊的重要性的基本权利。值得一提的是，在人工智能行业执行基本权利时，在关于科技发展过程中所面临的挑战以及未来挑战方面，伦理反思将会带来更多深刻的见地。人工智能系统可以同时赋予并妨碍基本权利。在衡量人工智能给基本权利带来负面影响的风险时，应当对其使用适当的评估机制。在设计和开发阶段，应该进行事前评估，评定风险是否严重，是否可以减轻。同时，基本权利的评估应该包含是否可以对人工智能系统基本权利的合规性进行外部反馈。②

---

① 参见 art. 52.3. and 4 of the Charter.

② HLEG AI, ‘Ethics Guidelines for Trustworthy AI’ (n 134) 15-16. 另请参见，‘Algorithms and Human Rights. Study on the human rights dimensions of automated data processing techniques and possible regulatory implications’ (Council of Europe study DGI［2017］12) 40.

该反馈可以由国家或超国家（如欧盟）层面的人工智能行业监管机构提供。

对人工智能相关基本权利的核心内容，尤其需要进行适当的风险评估，评估内容包括是否尊重人类尊严、个人自由、民主、正义和法治、平等、不歧视和团结以及公民权利等。①

尊重个人尊严与上文所述的以人为本的人工智能密切相关，是欧洲一体化的重要价值观，在所有成员国的宪法传统中占据核心地位。当代欧洲人对个人尊严非常重视，这种重视是在第二次世界大战的历史背景下形成的，当时人本主义价值观已经崩溃，而这种价值观一直是欧洲社会文化遗产的基础。②今天，个人尊严受到新科技发展所带来的挑战，但是个人尊严这一原则的含义依然未变，即每个人都拥有自己的“内在价值”，不应被其他个人、公共机构、私人机构或新兴算法科技损害或压制。③个人是道德的主体，值得被尊重，这是尊重个人尊严的前提。因此，个人尊严原则可能会反对操纵、离间、威胁人类或把人类暴露在危险之中的人工智能系统。因此，根据伦理嵌入设计原则，设计和开发人工智能系统的方法，不仅应该保护人类的生理和心理健康，还应该保护其文化认同感。④尊重个人尊严与自由原则紧密联系。每个人都可以自由决定自己的生活。自由原则以个人的决定不受操纵为前提，假设个人可以在不受威胁和恐吓的情况下，有意识地做出决定。人工智能科技对此带来的威胁实际上关乎个人能否自己做出决定。人工智能系统存在的问题，如不为人知的操作⑤、运用

63

① HLEG AI, ‘Ethics Guidelines for Trustworthy AI’ (n 134) 9-11.

② Paweł Łuków, ‘A Difficult Legacy: Human Dignity as the Founding Value of Human Rights’ (2018) 19 Human Rights Review 314-315.

③ Christopher McCrudden, ‘Human Dignity and Judicial Interpretation of Human Rights’ (2008) 19 European Journal of International Law 655-724; Laura Valentini, ‘Dignity and Human Rights: A Reconceptualisation’ (2017) Oxford 37 Journal of Legal Studies 862-885.

④ Eric Hilgendorf, ‘Problem Areas in the Dignity Debate and the Ensemble Theory of Human Dignity’ in Dieter Grimm, Alexandra Kemmerer, Christoph Möllers (eds.), *Human Dignity in Context. Explorations of a Contested Concept* (Hart Publishing, Nomos 2018) 325 ff.

⑤ 参见 Yeung (n 12).

个人数据进行分析、晦涩难懂的算法等，都限制了个人的选择自由。上述讨论的自由是经营自由、艺术和科学的自由、言论自由、私人生活和隐私权、自由集会和结社等其他权利和自由的基础。[①]个人尊严和自由还与平等、非歧视和团结原则紧密相连。在人工智能环境下，这些原则保证系统正常运行，不会产生不公平或有偏见的结果。这意味着，输入人工智能系统的数据应该尽可能具有包容性，尊重工人、妇女、残疾人、少数民族、儿童、消费者或其他有被排斥风险的潜在弱势群体。[②]

另一项基本原则是宪法尊重民主、正义、法治和公民权利。法律应赋予政府权力，并在平等、制衡和司法独立的基础上制定民主标准。如今，技术与民主之间的关系尤其紧张。随着越来越多的人工智能系统被用于民主进程，我们迫切需要确保人工智能科技被用于促进民主进步，而不是破坏民主。人工智能科技往往掌握在少数几家全球互联网公司（如微软、脸书、谷歌、推特、亚马逊或苹果）的手中。这些公司的影响力之一是通过提供人工智能系统构建信息社会。社交媒体平台提供广泛的服务，是当今政治和选举活动中使用的主要工具之一。它们是选民的信息来源、审议平台和积极参与的工具。正如保罗·内米兹指出的，权力逐渐集中在少数人的手中，这从寡头的财政权力、对民主和基础设施话语的权力、因收集和分析个人数据而拥有的权力、人工智能创新中心成了最大型企业这些事实所带来的权力等方面不难看出。[③]一方面，人工智能给民主机制带来了包括社交媒体的快速发展及其对选举进程的影响的问题；另一方面，公共部门越来越多地使用电子政务工具和算法决策机制为公民提供服务，这使得监管环境成为必然，而可解释性是其中一个关键条件。人工智能系统可能有助于公民行使投票权、享受良好的社会治理、查阅公共文件以及向政府请愿等权利，这能提高政府提供公共产品和公共服务的效率。然而，健全的法律法规应该使用另一种“通过设计”的理念保护民主进程和公民免受

64

---

① HLEG AI, ‘Ethics Guidelines for Trustworthy AI’ (n 134) 9-11.

② 同上。

③ Nemmitz (n 3) 7.

人工智能科技的侵犯。这种理念即“设计法治”，为了构建人们对人工智能系统的信任，我们应该遵守“设计法治”理念。如果政府运用人工智能科技做出的决策不透明且带有个人偏见，依赖数据的系统在做出类似决策时也对个人有偏见，那么，这就需要建立验证方法，因为能获取自己的数据并不能确保政府或系统的分析决策符合法律要求的公平性和公正性。

上文提到的欧盟基本法律更具横向性、价值和基本权利导向性。除了基本法律外，欧盟的人工智能行业还应遵循二级法律。虽然欧盟尚未通过关于人工智能的二级法律，但已有相当数量涉及人工智能行业各个方面的法规和指令存在。因此，欧盟实际上拥有强大的监管框架，能为以人为本的人工智能设定全球标准。相关法规包括《通用数据保护条例》①，该条例制定了高标准的个人数据保护规定，并确保在设计程序和默认情况下对数据进行保护。《非个人数据自由流动条例》②消除了非个人数据自由流动的障碍，确保能在欧洲的任何地方处理所有类别的数据。最近通过的《欧盟网络安全法案》将有助于提高网络世界中的信任程度，拟议的《电子隐私条例》③也有助于提高网络世界中的信任程度。除了关于隐私和网络安全的法规外，还有产品责任指令④、反歧视指令⑤、消费者法⑥和工作安全与卫生指令等。⑦

65

4.4.3 伦理准则

对可信赖人工智能的要求不只是遵守法律。正如我们已经指出的，法律并不总能及时反映高科技的发展状况。有时法律准则无法反映社会道德的细节，有时法律并不适合解决某些问题。要让人工智能系统值得信赖，

---

① 参见 (n 125).

② 参见 (n 128).

③ COM (2017) 10. 另请参见 (n 131).

④ 参见 (n 162).

⑤ 参见，下文 6.2.1 节。

⑥ 参见，下文 6.2.2 节。

⑦ Council Directive 89/391/EEC of 12 June 1989 on the introduction of measures to encourage improvements in the safety and health of workers at work (1989) OJ L183/1.

意味着它们必须是道德的，也就是要符合伦理标准。[①]首先，我们应该认识到，人工智能伦理是应用性伦理或描述性伦理的子领域。它关注人工智能开发、部署和使用阶段产生的伦理问题。它还关注人工智能如何促进人们对个人美好生活的向往，能否保障生活质量、人类自主权和个人自由等对于民主社会来说非常必要的方面。

对人工智能数字化转型进行伦理反思可以达到多种目的。首先，它可以促使人们反思在最基础的层面上保护个人和集体的必要性。其次，它可以激发伦理价值观的创新，例如，以创新方式促进联合国可持续发展目标的实现[②]。联合国可持续发展目标是欧盟 2030 年议程[③]的重要内容。如果描述性伦理的终极目标是确定什么是好的，或是区分好与不好，那么，可信赖人工智能，即符合伦理的人工智能可以推动实现个人繁荣和社会共同利益。它能产生社会繁荣、创造价值观，实现财富可持续增值。它还能通过帮助提高市民健康水平和福祉，促进经济、文化、教育、社会和政治机会的平均分配，促进社会公平公正。[④]

66

因此，我们有必要了解人工智能开发、部署和使用是如何改善生活的。使用人工智能系统，与使用其他强大的科技一样，会带来伦理挑战。这与人工智能系统对个人和集体决策能力的影响息息相关，甚至还有可能与人工智能系统的安全性相关。未来，不可避免地把决策权委托给人工智能系统，将会影响人们的生活。尽管如此，人类应该确保不把控制权委托出去，以保持人工智能与人类价值观的统一，无论何时，都不应该在价值观上作出妥协，人工智能应时刻遵循人类的价值观而行动。此外，还应该确保设立合适的问责程序。欧盟，和世界其他国家一样，在面对充斥着人工智能的未来时，迫切需要确立规范意识。另外，为了达到这一目标，欧

① HLEG AI, ‘Ethics Guidelines for Trustworthy AI’ (n 134).

② 参见 https://www.un.org/sustainabledevelopment/sustainable-development-goals/，获取于 2022 年 7 月 22 日；Commission, ‘Reflection Paper. Towards a Sustainable Europe by 2030’ COM (2019) 22.

③ 参见 https://ec.europa.eu/environment/sustainable-development/SDGs/index_en.htm，获取于 2020 年 7 月 22 日。

④ Geslevich Packin, Lev-Aretz (n 31) 106.

盟还必须了解在欧洲应该学习、开发、部署和使用哪种人工智能系统。

无论一致性、发达程度和细致程度多么高，特定领域的伦理规范都不能代替伦理推理，伦理推理必须始终保持与上下文细节性内容的关联性，相关细节一般不显示在普适性规则中。要保证人工智能系统是可信赖的，除了制定一套相关的规则以外，我们还要通过公共辩论、教育和实践学习来建设并维持伦理文化和伦理思维。①

多个机构根据基本权利制定了人工智能系统的理想伦理框架模型。②例如，欧洲科学与新技术伦理小组以《欧洲联盟条约》和《欧盟宪章》所列的基本权利为基础，提出了一系列伦理准则。③虽然不断发展的科技有着不断变化的技术参数，但在设计具体监管工具时，这些伦理准则非常有用，因为它们对基本权利做出了解释，并指出了其理论基础。最近，AI4People 小组调查了在不同场合④采用的几种伦理框架，并把它们分成了四个大类，以及尝试找出其中的关联，这四个大类经常被使用在生物伦理学中，它们分别是：有益的、无害的、自主的和正义的。⑤在有益的这个分类下，还有细分原则，即保护福祉、维护尊严和维持地球可持续发展。无害的主要包括保护隐私、安全、警惕能力和防止伤害。⑥自主地赋予个人决定权和司法权，这个概念常常涉及资源分配，目的是促进繁荣和团结。⑦

67

在欧盟层面，伦理准则区分了符合伦理的人工智能的四项原则，即尊重人类自主权、预防伤害、公平和可解释性。这些是源自基本权利的典型伦理准则，为了保证人工智能系统值得信赖，必须考虑并遵守基本权利。此外，如果能认真思考值得信赖的、符合伦理的人工智能，人工智能行业

---

① HLEG AI, ‘Ethics Guidelines for Trustworthy AI’ (n 134) 9.

② 对基本权利的依赖也有助于限制监管的不确定性，因为伦理框架可以建立在欧盟几十年来基本权利保护实践的基础上，从而提供清晰性、可读性和可预见性。

③ 参见 (n 253 and 254).

④ 参见 (n 136).

⑤ Floridi et al. (n 234) 695-699.

⑥ Brownsword (n 185) 306.

⑦ 同上。

从业人员就应该认同并自觉遵守上述要求。上文所列的准则，代表了《欧盟宪章》中的部分基本权利的内容。尊重人类自主权原则与人类尊严和自由（《欧盟宪章》第 1 条和第 6 条）相关，预防伤害原则与保护人类身心健康（《欧盟宪章》第 3 条）相关，公平原则与非歧视、团结和司法（《欧盟宪章》第 21 条）紧密相关，最后，可解释性原则与司法权（《欧盟宪章》第 47 条）紧密相关。在很大程度上，上文讨论的伦理准则在现有的法律要求中均有所体现，因此也符合可信赖的人工智能的第一要素，即合法性。然而，尽管很多法律义务能够反映伦理准则，但是与伦理准则保持一致所要求的不仅仅是遵守法律。①

如果将人类自主原则视为欧盟基本权利中的一项，那么对人类自由的尊重可以通过多种形式实现。②人类应该能够全面有效地做出关于自己的决定，并对人工智能系统拥有控制权，以便最终作出决定。人类绝不能从属于人工智能系统，人工智能系统也绝不能胁迫、欺骗、操纵、制约或牧养人类。与此相反，人工智能系统应该扩充、增强个人和集体的认知能力、社会和文化能力以及人类中心性和选择权利。随着人工智能系统对劳动领域的彻底改变，在工作过程中，确保人类的监管能力对保证人工智能系统的伦理具有必要性。对人的能动性和人的监督的要求将在 4.5.2 节中展开。

另一个伦理原则是，确保人工智能系统永远不会成为伤害的源头，或加剧以不同形式出现的伤害。这种伤害可以是个人伤害，也可以是集体伤害，还可以是对社会、文化或政治环境的破坏。人工智能系统不应该对人类、个体或社会群体造成负面影响。更具体地说，人工智能系统应该保护人类尊严、身体健康和心理健康。为了保证这一点，人工智能系统必须是安全的、技术上强健的且不被恶意使用。预防伤害，还包括尊重自然环境和所有生物。这种情况下，应该特别注意在信息不对称时，人工智能系统

68

① 关于此主题的更多信息，参见 Luciano Floridi, ‘Soft Ethics and the Governance of the Digital’ (2018) 31 Philosophy & Technology 1-8.

② Burri (n 129) 549.

造成或加剧负面影响的情况。具体来说，包括政府与公民之间、企业与消费者之间以及雇主与雇员之间几种情况。

人工智能系统的公平性既涉及实体性层面，也涉及程序性层面。实体性层面指的是承诺对个人和群体给予平等公正的待遇，使之不受偏见、歧视和污蔑。公平的人工智能应该促进教育、商品、服务和科技方面的机会平等。同样地，公平意味着人工智能系统应该秉持成本与效益、方法和目的相称的原则，仔细考虑如何平衡竞争利益和目标。达成目标的方法应该严格限制在必要范围内。当可以采取不同的方法达成目标时，应该优先选择对基本权利和伦理标准危害较小的方法（如人工智能开发者应该总是优先选用公共部门的数据而不是个人数据）。相称原则也可以用在用户与部署者之间，即在公司权利（包括知识产权和商业秘密）和用户权利之间应该有所平衡。①

公平性的程序性层面，指的是当人工智能系统没有按照准则行动时，人类有能力阻止、质疑、维护系统或其操作人员做出的决定，或采取补救措施。补救措施可以通过集体结社权，或是在工作环境中加入工会组织来实现。②任何对决定负责的一方，无论是个人、集体还是机构，都应该是明确的，其决策过程也应该是可追溯且可解释的。

可解释性，指的是与人工智能系统相关的程序应该都是透明的，系统的能力和目的都应该预先沟通，系统的决策也应该是可解释的。这对于建立人工智能系统与受其影响的人类之间的信任是至关重要的。有的时候，模型产生了特定的输出，部分因素导致了特定的结果，要对这些情况进行解释并不容易。这被称为“黑箱”算法，需要我们给予特别关注。③在这种情况下，需要采取解释性措施。这些措施包括可追溯性、可审核性和关

① Gerald Spindler, ‘User Liability and Strict Liability in the Internet of Things and for Robots’ in Sebastian Lohsse, Reiner Schulze, Dirk Staudenmayer (eds.), *Liability for Artificial Intelligence and the Internet of Things. Muenster Colloquia on EU Law and the Digital Economy IV* (Hart Publishing, Nomos 2019) 131.

② 参见 art. 12 of the EU Charter.

③ Pasquale (n 45) 191.

于系统功能的透明沟通等。[①]

各项伦理准则之间可能会彼此冲突，这种情况下，欧盟民主机制的基本承诺、个人和社团自由公开地参与政治进程以及清晰的问责方式应该能起到协调作用。此外，人工智能系统的优势应该总是超过可预见的风险。人工智能从业人员如果不能通过上述原则找到合适的解决办法，则应该通过证据和理性反思解决伦理困境和权衡利弊，而不应该凭直觉或随机做出决定。 69

人工智能系统在为个人和社会带来巨大利益的同时，也会带来一定的风险，还可能会产生难以预测、识别或衡量的负面影响。因此，充分且成比例的、程序性以及技术性的措施，应该成为减轻上述风险的先决条件。[②]

4.4.4 稳健性

即便确保人工智能系统符合人们的普遍期望，即人工智能系统的设计、部署和使用均符合法律和伦理标准，个人和社会也必须相信，由于人工智能系统并不完善，因此不会造成伤害。人工智能系统的运作方式应该是安全的、可预测的和可信赖的。[③]我们应该预知技术上和人为操控上的安全性与控制性，并把它们纳入人工智能系统，以防负面影响的产生。在这方面，确保人工智能系统的强健性非常重要。强健性是一个综合性的概念，用于描述一组特征，它们共同决定了可信赖人工智能系统技术上、功能上和运行上的正确性和可信赖度[④]，这主要是指技术方面的内容。从技术角度来看，强健性能确保系统所处的环境、应用领域或生命周期是适合的。计算机科学研究的重点在于对强健性的保证，针对强健性的保证包括

---

① 如果输出错误或者不准确，将视情况和影响的严重程度决定可解释程度。例如，人工智能系统产生的不准确的购物建议可能不会产生什么伦理问题，而对于人工智能系统评估一个被判犯有刑事罪行的人是否应该被假释来说，就会严重得多。

② HLEG AI, 'Ethics Guidelines for Trustworthy AI' (n 134) 11-14.

③ Cubert, Bone (n 86) 418.

④ Geslevich Packin, Lev-Aretz (n 31) 91.

验证、正确、安全和控制。验证包含诸多方法，这些方法让人产生高度信心，认为系统将受到形式化的约束。正确与验证密切相关，确保系统符合形式化的约束，不会产生不想要的结果。安全重点防范的是非授权实体的蓄意操纵，而控制则在部署后能立刻实现人类对人工智能系统的实际控制。[①]

70 从社会视角看，人工智能系统的强健性主要针对其运行环境。因此，人工智能系统的强健性与人工智能系统的伦理性密切相关且相辅相成。[②]

4.5 实施可信赖人工智能系统

4.5.1 导语

要想确保对人工智能技术的可信赖度，仅寄希望于通过建立最全面的法律、伦理和技术框架是不够的。只有在利益攸关方正确实施、接受并内化了上述全面框架时，才能够真正实现可信赖人工智能。正如 4.4.1 节提到的，可信赖人工智能的主要条件，即合法性、伦理性和稳健性，可被解读为具体的要求。这三个条件可以适用于一切人工智能实体，以及人工智能系统的全生命周期。参与可信赖人工智能实施的利益攸关方包括开发人员（包括研究员和设计师）、部署者（使用人工智能科技进行运营，并向公众提供产品和服务的公共和私营机构）、终端用户（直接或间接与人工智能系统互动的个人）以及整个社会，包括所有直接或间接受到人工智能系统影响的人。每个群体都有各自的责任，部分群体还拥有权利。在最初阶段，开发人员应该在设计和开发过程中遵守相关要求。开发人员是利益攸关方链条中的关键一环，负责执行伦理嵌入设计模式。部署者需要确保他们使用的人工智能系统、提供的产品和服务符合相关要求。最后，终端

① Stuart Russel, Daniel Dewey, Max Tegmark, 'Research Priorities for Robust and Beneficial Artificial Intelligence' (2015) 36 AI Magazine 107-108.

② HLEG AI, 'Ethics Guidelines for Trustworthy AI' (n 134) 7.

用户和整个社会应该行使自身权利，获得相关要求的知情权，并期望相关方遵守这些要求。[①]其中，最重要的要求包括：人的能动性和人的监督，技术强健性和安全性，隐私与数据治理，透明度，多元化、非歧视性和公平性，社会和环境福祉与问责制。下面将对这些要求展开讨论。在考虑这些要求的范围和强度时，人们可能会认为其范围与社会行业相关，且取决于个人的使用范围。一旦人工智能直接或间接影响了个人权利和权利的完整性，这将会对相关行为体的合规性施加更多压力。

4.5.2　人的能动性和人的监督

人的能动性和人的监督与人工智能的人类中心性理念密切相关。这一要求旨在为人工智能系统提供控制机制，以此保障个人福祉。人的能动性与用户的自主性相关。用户的自主性是指用户应该能够对人工智能系统做出明智的自主决定。这需要假定用户具有一定程度的自我意识、知识和数字素养。因此，在数字技术普及程度不同的情况下，这一点可能很难实现。从理论上讲，应向用户提供跟随并与人工智能系统互动的知识和工具。反过来，人工智能系统也应支持用户根据自身目标做出更优、更明智的选择。[②]此问题的一个重要顾虑与人工智能系统的不透明性有关。如果系统的工作方式在很多时候无法为普通人所理解和掌握时，那么问题就出现了：这种情况下我们应如何确定人的能动性和人类自主性呢？一方面，年龄、财富、社会和政治条件等各种因素造成了人类知识水平的不平等；另一方面，人们期望人工智能系统服从人类自主。要如何调和两者间的矛盾呢？一旦我们得出以下结论，即人工智能系统通过大数据驱动的决策机制影响人类行为，这些问题就显得尤为合理了。人工智能系统通过个性化的方式影响个人选择，运用助推（或超助推）方法，塑造每个用户对周围世界独特的理解和认知。[③]算法决策程序利用了人类的潜意识过程，包括

71

① HLEG AI, 'Ethics Guidelines for Trustworthy AI' (n 134) 14-15.
② Beever, McDaniel, Stamlick (n 13) 111.
③ Yeung (n 12) 20.

各种形式的操纵、欺骗和遗漏重要信息等。掌握与人工智能驱动的系统或引擎的运行方式相关的知识，对于实现用户自主权来说至关重要，但这也与全球网络市场由全球人工智能企业主导相关。在因拥有先进的人工智能科技而拥有特权的阶层与技术意识薄弱的非特权普通用户之间找到平衡，就是监管框架的责任所在。①保障人类自主权的规则之一应该是：一旦决策仅基于自动化程序，那就不应该对受影响用户产生不利的法律影响。②

我们讨论的另一个要求是人的监督。人的监督与人的能动性紧密相连，包括为实现可信赖人工智能而执行的更具体的管控措施。由于上述原因，人的能动性可能难以实现，因此人的监督通过各种措施，施加可解释性或适应性机制。人的监督是合适的治理工具，可以通过特定系统的设计和技术功能实现。人的监督描述的是人类与算法系统之间的关系和互动（无论是有具体体现的还是无具体体现的）。人的监督机制有不同的模式，表达了人类对人工智能系统决策进行的不同程度的审查。人的监督可以分为四种不同的形式：人在指挥、人在环中、人在环上、人在环外。人在指挥（HIC）方法是最高级别的人类监督，指人类可以监督人工智能系统的全部活动。考虑到受控系统在经济、社会、法律和伦理方面的影响，人在指挥允许人类对系统施加广泛影响。人类干预可能包括决定在何种情况下何时以及如何使用系统。人在指挥有多种情况，包括限制在特定情况下使用人工智能系统，在使用人工智能系统时允许人类自行做出决定，或确保人类有能力推翻人工智能系统所做的决定。人在环中（HITL）方法是指人与人工智能系统之间存在强烈的交互。人类直接参与人工智能系统所使用数据的训练和调整，只有当人工智能系统的数据符合人类要求时，系统才会做出决策。人工智能系统运行时，多次依赖人类控制。一旦有了适当的人工干预，决策程序就会纳入更多数据，因此算法将在未来自动执行特定操作。人在环中是确保算法决策更准确的一种方法。人在环上

72

① John Danaher, ‘The Threat of Algocracy: Reality, Resistance and Accommodation’ (2016) 29 Philosophy and Technology 255.

② HLEG AI, ‘Ethics Guidelines for Trustworthy AI’ (n 134) 15-16.

（HOTL）方法是指在系统设计周期内进行人工干预，并监控系统的运行。人在环上允许系统通过不断整理和调整收集到的数据、识别模式和提出决策建议来自主工作，这些决策可以由人类执行，但人类可以推翻这些决策。最后，人在环外（HOOTL）方法将所有决定权交给机器，人不能监督机器或推翻其决策。①

选择应用何种人工监督机制应根据人工智能系统的应用领域和潜在风险而决定。有些系统比其他系统更容易让人类参与进来。有的数据挖掘系统能够为人类解释和理解。有的数据挖掘系统依赖的因素过于复杂，无法解释，也不好理解。对于前者，保证人类监督机制的可能性较大，因而可以实现有关系统的问责制和透明度。对于后者，人的能动性和人的监督很有限，这也影响了系统的可解释性。②人类对人工智能系统监督得越少，就越需要更加广泛和严格的管理，公共当局应当有权根据其授权行使监督权。③

73

4.5.3 技术强健性和安全性

技术强健性和安全性是可信赖人工智能的其他组成部分。算法应该是安全可靠的，并应尽可能避免错误的结果。重要技术上的要求涉及抵御网络攻击、黑客攻击和数据操纵的能力。

网络攻击可能会采取“数据中毒”、模型泄露等形式，也可能会以软件或硬件基础设施为目标。受到攻击时，人工智能系统的数据和系统本身可能会改变，导致系统做出不同的决策或关机。因此，人工智能系统应该配有备用计划，在遇到困难时用以保证系统的总体安全。这意味着，在出现问题时，人工智能系统不应该伤害个人和环境，而应该建立相关机制减

---

① Commission COM (2019) 168 final (n 6) 4; See also, Danielle Keats Citron, Frank Pasquale, ‘The Scored Society: Due Process for Automated Predictions’ (2014) 89 Washington Law Review 6-7; Danaher, ‘The Threat of Algocracy’ (n 299fdopeo9) 248.

② Tal Z. Zarsky, ‘Governmental Data Mining and Its Alternatives’ (2011) 116 Penn State Law Review 292-293.

③ HLEG AI, ‘Ethics Guidelines for Trustworthy AI’ (n 134) 14-15.

轻意外后果，减少错误。因此，有必要在各个应用领域建立合适的风险评估程序。安全措施的级别应与人工智能系统带来的风险相匹配，而这又取决于系统的能力。①

人工智能的技术层面还应保证系统所作判断和决策准确、可靠和可重复。这意味着构建算法所依据的数据和信息应该能够以适当的方式进行分类，系统应该能够根据数据或模型做出正确的预测、建议或决策。一旦人工智能系统开始直接影响人类的生活，其准确性就显得尤为重要。可重复性和可靠性是信任的技术条件。系统应该是可靠的，并能在各种情况下使用各种输入。系统需要确保结果是可重复的，也就是说，在相同的条件下，系统要以相同的方式运行。

4.5.4 隐私与数据治理

数据是当今经济的基础，被认为是最有价值的商品。②数据也是算法社会的绝对基石。本书讨论的主题不涉及过多技术层面内容，简单来说，人工智能系统的运行以数据为基础，在人工智能系统内部对数据进行处理和应用。使用网络和社交媒体的个人向算法提供关于自身行为和习惯的数据，供算法使用。③因此，人工智能系统能推理和判断个人用户的偏好，根据系统类型的不同，可能会对个人的经济、社会、文化或政治选择产生影响。对于给定人工智能系统的功能来说，不仅是数据的数量，还有其质量都会影响系统的性能。数据的质量要求包括数据的合法、公共、无误和完整等。在使用任意给定数据集训练人工智能系统之前，需要先解决数据的质量问题。用错误或恶意数据构建算法，可能会扭曲人工智能系统的行为。这就是为何在人工智能系统生命周期的所有阶段，均需要测试、报告

74

① HLEG AI, ‘Ethics Guidelines for Trustworthy AI’ (n 134) 16-17.

② The Economist, ‘The world’s Most Valuable Resource Is No Longer Oil, but Data’ (2017) https://www.economist.com/leaders/2017/05/06/the-worlds-most-valuable-resource-is-no-longer-oil-but-data，获取于 2020 年 7 月 22 日。

③ Floridi, *The 4th Revolution* (n 38) 105.

和记录相关数据。由于上述原因，隐私和数据保护是可信赖人工智能的关键要求，应得到广泛保障。个人应该完全控制自己的数据，并应该确信该数据不会以任何方式对他们造成伤害。因此，数据的访问应该受到严格管控。①数据保护和数据公平是隐私权的主要内容之一。隐私权是基本权利之一，与人工智能系统密切相关并受到人工智能及其他数字科技的影响。

从最笼统的角度来说，隐私应该得到保护，因为每个人都应该有权独自掌控与他人无关的个人生活。因此，隐私是一个不受他人干涉的领域。②隐私本身拒绝进入公共活动领域，任何隐私都是留给自己的。每个人都有权决定与他人分享的隐私的数量和程度。因此，隐私与人类的自主性密切相关。广泛的隐私权由几个部分组成，其中包括通信保密、个人数据保护和家庭保护。隐私可以分为三个要素：第一个要素是相关性，即个人有决定所公开个人信息范围的权利；第二个要素是内容性，即个人有控制个人和隐私信息披露的能力；第三个要素是物理性，即个人有权决定个人信息被访问的配给次数。③

在数字世界中，隐私和数据保护无处不在。很多时候，互联网和新科技的用户都是自愿通过社交媒体或搜索引擎透露个人偏好、生活方式、隐私细节的，但是他们常常没有意识到，这已经把个人隐私完全暴露。④新的挑战，如新冠疫情全球大流行带来的隔离和接触追踪应用程序，也加剧了隐私的暴露，虽然为了保证公共卫生安全这个理由在一定程度上能为此辩护，但是同时也带来了过度侵犯隐私的担忧。⑤

75

① HLEG AI, ‘Ethics Guidelines for Trustworthy AI’ (n 134) 17.

② Marek Safjan, ‘Prawo do ochrony życia prywatnego’ in *Szkoła Praw Człowieka* (Helsińska Fundacja Praw Człowieka Warszawa 2006) 211.

③ Renata Dopierała, *Prywatność w perspektywie zmiany społecznej* (Nomos 2013) 20-23. 另请参见，Agata Gonschior, ‘Ochrona danych osobowych a prawo do prywatności w Unii Europejskiej’ in Dagmara Kornobis-Romanowska (ed.), *Aktualne problemy prawa Unii Europejskiej i prawa międzynarodowego—aspekty teoretyczne i praktyczne* (E-Wydawnictwo. Prawnicza i Ekonomiczna Biblioteka Cyfrowa. Wydział Prawa, Administracji i Ekonomii Uniwersytetu Wrocławskiego 2017) 242-243.

④ Pasquale (n 45) 61.

⑤ 参见 https://www.europarl.europa.eu/news/en/headlines/society/20200429STO78174/covid-19-tracing-apps-ensuring-privacy-and-data-protection，获取于 2020 年 7 月 22 日。

本书探讨的要求在欧洲得到了强有力的执行，是可信赖人工智能的组成部分之一。目前，欧盟通过《通用数据保护条例》和隐私与电子通信指令[①]制定了数据保护全球标准。[②]6.2.3 节将详细分析欧洲的数据保护方法，欧洲的数据保护法将对人工智能进行横向监管，并有可能对人工智能造成影响。

4.5.5 透明度

对算法社会的主要担忧和批评之一是算法社会是一个“黑箱”社会。[③]参与决策过程的人工智能系统和解决方案被用于金融行业、司法系统和政治进程，在这些领域中，算法可以做出决策，但是在算法的背后是受企业、金融机构或政府委托的开发人员，他们知道如何开发算法。终端用户面对的是晦涩难懂、不透明的技术，他们不理解技术，担心技术遭到滥用。这一问题可谓自相矛盾，一方面，人工智能行业不能保证技术的完全透明，技术隐藏在商业秘密或保密协议的后面；另一方面，个人用户的私人生活逐渐公开。人们通过在 Cookies、脸书或 Instagram 等社交媒体点赞、分享和浏览内容，在网络上留下痕迹，由此受到地理定位机制的追踪。通过这种方式我们向算法提供了数据，问题是这些数据将提供给谁？提供多长时间？将如何被使用？因此，企业与个人之间出现了紧张关系。企业掌握了这些数据，从中获取权利但并不愿意分享。个人是算法决策的对象，个人也许对算法不了解，但是他们应该了解算法是如何得出给定结果的。如果系统不给出合理解释，则会妨碍人类对其产生信任。因此，想要获得信任，人工智能系统必须是可解释、可追溯和透明的。透明度指的是公开所用的数据、人工智能系统本身和使用的商业模式。对上述要求进

---

① 目前正在进行立法工作，打算用电子隐私法规取代该指令（参见 n 131）。

② Paul M. Schwartz, ‘Global Data Privacy: The EU Way’ (2019) 94 New York University Law Review 771.

③ 正如弗兰克·帕斯奎尔（Frank Pasquale）在《黑箱社会》[（*The Black Box Society*（n 45）3）]中指出的，术语“黑箱”是用来描述系统的比喻，指系统的运行很神秘，虽然我们可以观察其输入和输出，但是我们不理解输入是如何成为输出的。

行评估的出发点事先就应予以说明。人类应该享有知情权，意识到并充分了解他们正在与人工智能系统打交道和互动，人工智能系统必须可识别。一旦从业人员或用户被告知正在与人工智能系统互动，那么他们应该强烈要求人工智能系统的可追溯性、可解释性和透明性。一般来说，根据给定主体的利益不同，透明度目标也会不同，给定主体可以是开发人员、部署人员、用户、公众或政府机构。根据韦勒（A. Weller）的说法，透明度有八种主要类型和目标。[①]类型 1 指开发人员希望了解人工智能系统如何运行，哪些运行良好，哪些存在缺陷。类型 2 从用户角度出发，目标是让用户了解人工智能系统的运行，这将有助于建立其对科技的信任。类型 3 是让社会理解并接受特定系统，克服对未知的恐惧。类型 4 是让用户理解系统为何做出特定决定，并赋予用户对此提出质疑的能力。类型 5 是赋予专家、监管机构审查特定决策的能力，这对于确定责任和法律义务至关重要。类型 6 旨在促进对安全标准的监测和测试。类型 7 和类型 8 指的是在这些意义上，透明度旨在让用户对决策感到满意，以便继续使用给定系统，并受到系统引导做出偏好行为，这将使部署人员受益。[②]

76

可追溯性应被理解为一种功能，用以正确记录所使用的数据集、应用的过程和算法决策协议。欧盟和各成员国[③]的监管机构，应该被赋予权力，从而可以要求实体恰当地做好关于人工智能运行和决策的记录，以便在各个阶段保证其可追溯性。[④]上文讨论过的功能，使得我们可以识别人工智能做出错误决策的原因，这对于保证针对相关实体的问责制正常运行至关重要。严格来说，系统还可以具有预防性，以避免未来犯错。可追溯性能帮助实现可审核性与可解释性，促进技术程序的解释能力，还能增加

① Adrian Weller, ‘Transparency: Motivations and Challenges’ (2019) arXiv: 1708.01870v2，获取于2020 年 7 月 22 日，2-3。

② 同上。

③ 参见 European Parliament, 2020/2012 (INL) (n 35). 拟议条例的目标之一是建立欧洲人工智能机构，以及每个成员国的监管机构，负责保证遵守伦理准则，并为人工智能的治理制定标准。

④ Virginia Dignum et al., ‘Ethics by Design’ (n 219) 64.

给定人工智能系统的应用领域，这可能与人类的决策相关。[①]技术可解释性与对人工智能机制的理解紧密相关。对机制进行解释，意味着通过陈述来说明机制是如何工作的，使之变得清晰易懂。[②]因此，科技的可解释性应该允许对其技术过程进行审查。正如欧洲人工智能高级别专家组在《人工智能伦理准则》中所指出的，前文讨论的实现可信赖人工智能的要求，有可能是需要被取舍的对象，在提高系统的可解释性的同时可能会以牺牲准确率为代价。简单的机器学习系统比较易于理解，例如，基于决策树或算法具有可视性的人工智能系统。[③]另一方面，随着系统准确率水平的提高，其可解释性可能会被削弱。[④]在神经网络式系统中使用复杂但功能强大的机制时，这一点尤其成问题。[⑤]

77

一旦人工智能系统对个人生活产生重大影响（例如通过政府、行政、司法决定等），其隐蔽性就特别危险。当然，对系统隐蔽性的顾虑与数据的收集和处理密切相关。约翰·达纳赫（John Danaher）也承认这一点，并称之为“算法统治的威胁”[⑥]。他使用术语“算法统治”来描述特定的治理类型，这种类型的治理是根据计算机编程算法进行组织和构造的，它构建并约束了系统中的人与其他人、相关数据及受系统影响的更广泛的社区的互动方式。[⑦]每当有人与算法统治系统有关时，就应该可以要求人工智能系统提供与决策过程相关的合理解释。尤其是当基于人工智能的政府决策具有法律效力且对个人产生重大影响时，提出这样的要求是正当的。在这种情况下，个人应该能够对系统的决策进行评估，并提出质疑，要做

---

① HLEG AI, ‘Ethics Guidelines for Trustworthy AI’ (n 134) 17.

② 参见 Oxford Learner’s Dictionary https://www.oxfordlearnersdictionaries.com/definition/english/explanation，获取于 2020 年 7 月 22 日。

③ Harry Surden, ‘Ethics f AI in Law: Basic Questions’ in Forthcoming chapter in *Oxford Handbook of Ethics of AI* (2020) 731 https://ssrn.com/abstract=3441303，获取于 2020 年 7 月 22 日。

④ HLEG AI, ‘Ethics Guidelines for Trustworthy AI’ (n 134) 17.

⑤ Ron Schmelzer, ‘Understanding Explainable AI’ https://www.forbes.com/sites/cognitiveworld/2019/07/23/understanding-explainable-ai/#25a1dc6b7c9e，获取于 2020 年 7 月 22 日。

⑥ Danaher, ‘The Threat of Algocracy’ (n 299) 249.

⑦ 同上，247。

到这一点的前提是系统应该具有可解释性。[①]然而，现在的问题是这一要求是否可行。可解释性的可能性及程度取决于几个因素，即人工智能系统的类型、潜在知识及人工智能用户的科技素养。完全不透明的系统是可解释性水平最低的系统。在这种系统中，映射输入输出机制对于用户来说是不可见的。这种系统依赖于真正的“黑箱”方法，很多时候由许可协议发号施令。可解释和可理解的系统更容易被接受。这种系统包含机制，使得用户可以看见、验证和理解输入是如何映射到输出的，其前提条件是模型是透明的，以及用户对数学映射细节具有一定的理解程度。可理解的系统在输出时还会发出符号（如文字或可视图像），以便用户把输入的属性与输出的内容相互关联。[②]从技术角度来看，可解释的人工智能正在成为机器学习的新兴领域，它能解决一些问题，比如：为何人工智能系统会做出特定决定、为何人工智能系统不选择另一个结果、错误是什么、如何纠正错误等。[③]从法律和伦理的角度看，还有很多疑问，其中最主要的是如何在不损失或减少人工智能系统工具收益的情况下执行可解释性操作。如果出台更严格的法律法规，可解释性成为人工智能系统上市的强制性条件，企业会作何反应呢？此外，人们对可审查性及人工智能系统对可解释程序的依赖程度都存在疑问。达纳赫指出了以主教制代替算法统治的风险。[④]普通的消费者用户并不具备理解和审查算法程序的背景知识。因此，要保证可解释性，个人将不得不依赖于行业专家，即人工智能系统的设计师、程序员和工程师。

78

4.5.6 多元化、非歧视和公平性

偏见是人工智能的流行词，其与公平性和非歧视问题有关。偏见，通

---

① HLEG AI, ‘Policy and Investment Recommendations for Trustworthy AI’ (n 5) 20.

② Derek Doran, Sarah Schulz, Tarek R. Besold, ‘What Does Explainable AI Really Mean? A New Conceptualization Perspectives’ (2017) arXiv: 1710.00791，获取于 2020 年 7 月 22 日。

③ Schmelzer (n 323).

④ Danaher, ‘The Threat of Algocracy’ (n 299) 259.

过其负面含义来理解，指的是某一个人对特定个人或群体，持有不公平的理念或给予不公平的待遇。①人工智能系统存在偏见和歧视性结果，这并不是一个假设性的问题。②在当今的技术环境下，已有过多个人工智能对种族或性别歧视的案例。③在计算机科学和工业领域，人工智能系统的偏见问题通过公平原则来解决。④在这个领域有两个主要概念：个体公平和群体公平。一旦地位相同或相似的个体收到类似的算法输出结果，个体公平就实现了。当每个群体得到的结果相同时，群体公平就实现了，这是通过统计上的平等来实现的。⑤法律方法更侧重于非歧视性，非歧视性在欧盟法律中发挥着特殊作用，是欧盟法律的基本原则之一，无论在基本法（不歧视国籍）还是二级法律中都发挥着广泛的监管作用。⑥因此，在开发人工智能时，应该充分考虑到根据欧盟法律非歧视原则而受到保护的所有情况。公平和非歧视是相互关联的，一旦系统是公平的，使用的数据是公正、不偏颇且完整的，那么它将不会产生歧视性的结果。显然，公平不仅是技术问题，而且还关系到伦理和法律。⑦公平和公正是应用伦理学的

79

① Ayanna Howard, Jason Borenstein, ‘The Ugly Truth About Ourselves and Our Robot Creations: The Problem of Bias and Social Inequity’ (2018) 24 Science and Engineering Ethics 1522.

② Geslevich Packin, Lev-Aretz (n 31) 88.

③ 可以举出几个人工智能歧视的例子：在英国警方部署的面部识别技术中，对女性和某些种族群体具有歧视性，预测性的警务算法带有歧视性，谷歌照片中带有描述性符号，黑人用户及其朋友的照片上贴有“大猩猩”标签；参见 Robin Allen, Dee Masters, ‘Artificial Intelligence: the right to protection from discrimination caused by algorithms, machine learning and automated decision-making (2019) ERA Forum https://doi.org/10.1007/s12027-019-00582-w，获取于 2020 年 7 月 22 日；Rafhaële Xenidis, Linda Senden, ‘EU Non-discrimination Law in the Era of the Artificial Intelligence: Mapping the Challenges of Algorithmic Discrimination’ in Ulf Bernitz et al. (eds.), *General Principles of EU law and the EU Digital Order* (Kluwer Law International 2020) 151.

④ 参见 Solon Barocas, Moritz Hardt, Arvind Narayanan, ‘Fairness and Machine Learning. Limitations and Opportunities’ https://fairmlbook.org/，获取于 2020 年 7 月 22 日。Catherina Xu, Tulsee Doshi, ‘Fairness Indicators: Scalable Infrastructure for Fair ML Systems’ (2019) Google AI Blog https://ai.googleblog.com/2019/12/fairness-indicators-scalable.html，获取于 2020 年 7 月 22 日。

⑤ Philipp Hacker, ‘Teaching Fairness to Artificial Intelligence: Existing and Novel Strategies Against Algorithmic Discrimination under EU Law (2018) Common Market Law Review 1175.

⑥ 本书的第 6 章对欧盟非歧视法律提供了更多详细的分析。

⑦ Beever, McDaniel, Stamlick (n 13) 137.

重要概念，在伦理决策的反思中起着基础性作用。[①]这两个概念，很多时候是可以互换的，其关键点在于假设个人应该得到应有的待遇。公平更多的是指无关个人感情和利益的中立判断，而公正指的是给定决定或判断的正确性。这两个概念都试图确保待遇上的平等。这种待遇上的平等，对算法决策也至关重要。人工智能系统的偏见会违反公平性，带来不平等的待遇或歧视，这与人工智能系统所使用的数据集或以不恰当的方式设计培训代码相关。对于人工智能系统歧视的来源，学者已经做了广泛的反思，仙迪斯（R. Xenidis）和森登（L. Senden）对此进行了总结。[②]值得一提的是，哈克（P. Hacker）[③]提出的分类法较为清晰，其以此区分算法偏见的两种主要情况：有偏差的培训数据和不平等的基本事实。在数据处理不当（如数据标签错误，或是当某些社会或少数民族群体被歪曲，导致抽样偏误等），或数据受到历史偏误的影响时，有偏差的数据训练就可能发生，这将导致系统通过自学算法永久化现有的偏见类型。[④]

80

不平等的基本事实带来的偏见问题与所谓的代理歧视（或统计歧视）有关，当中立做法对受保护阶层的成员造成不合理伤害时，就会发生这种歧视。[⑤]在机器学习中，基本事实就是最接近现实的情况，并用经验上可观测的数据来表示。当基本事实在受保护群体间分布不均匀，且依照现存的刻板印象分布时（例如，认为男性司机比女性司机更容易发生事故的刻板印象），那么我们就遇到了系统偏见。[⑥]通常，这种偏见是无意的、错误的，通过人类潜意识偏见（固有偏见）而进入算法过程。[⑦]

---

① Manuel Velasquez, Claire Andre, Thomas Shnaks, S.J., Michael J. Meyer, ‘Justice and Fairness’ https://www.scu.edu/ethics/ethics-resources/ethical-decision-making/justice-and-fairness/，获取于 2020 年 7 月 22 日。

② Xenidis, Senden (n 332) 154-155.

③ Hacker (n 334) 1146-1150. 若想了解更多关于算法偏见的详细分析，请参见 Solon Barocas, Andrew D. Selbst, ‘Big Data’s Disparate Impact’ (2016) 104 California Law Review 671.

④ Hacker (n 334) 1147.

⑤ Anya E.R. Prince, Daniel Schwarcz, ‘Proxy Discrimination in the Age of Artificial Intelligence and Big Data’ (2020) 105 Iowa Law Review 1257.

⑥ Hacker (n 334) 1148, Xenidis, Senden (n 332) 154-155.

⑦ Hacker (n 334) 1149.

一旦仔细察看人工智能系统及其可能产出的带有偏见的结果，人们就会对依赖人类而非科技的决策过程提出疑问。法官审议司法裁决、银行官员做出放贷决定、警察进行调查、政府行政机构做出对公民产生影响的个人案件裁决时，他们是否能不带偏见？他们是否总能在没有任何成见的情况下，做出公平公正的决定？答案当然是否定的。人类总是带有各种不同的、有意识或无意识的偏见，这会导致对不同社会群体的过分偏爱或间接歧视。正如苏尔登（H. Surden）指出的，以司法系统的决策为例，与人工智能系统一样，法律系统本身也受制于其特定设计结构，在授予某些群体额外权利的同时损害另一些群体的权利。复杂的法律语言、法庭或其他行政机构的工作时间，恰恰是两个例证，证明其给予社会地位更高的公民（如拥有灵活工作时间和良好教育背景）特权。[①]重要的是，人类的偏见对决策可靠性的危害是否比算法偏见更小是很难确定的。我们应该谨慎对待主张人工智能系统可以提高决策一致性的论点，关注并谨慎实施人工智能系统，充分认识到其局限性，并把人类中心性作为主要伦理目标。

从欧盟政策制定的角度来看，与算法偏见的斗争包括几种不同的形式，从系统开发之初，我们就应该着手解决这些问题。从技术角度来看，建立多样化的设计团队，并设置利益攸关者参与人工智能开发的机制是非常重要的条件。[②]在人工智能系统生命周期的所有阶段，要求进行定期反馈，为那些直接或间接受到人工智能系统影响的人提供必要的信息和咨询，这无疑是有益的。[③]

81

因此，包容性和多元化是防止人工智能系统产生歧视性结果的最重要的因素。设计团队不仅应考虑到这一点，还应该构建访问便捷的人工智能系统，使得各年龄、各性别、残疾或少数民族群体均可以访问。这对于使用人工智能的公共服务尤其重要，也使得在设计时考虑各社会群体的需求

① Surden (n 321) 729.

② Commission, COM (2019) 168 final (n 6) 6.

③ HLEG AI, 'Ethics Guidelines for Trustworthy AI' (n 134) 19.

成为通用设计的必选项。此外，人们还呼吁，在保护儿童免受潜在伤害的同时，创建一个与欧盟为儿童提供更好的互联网战略[①]相类似的战略，即欧盟为儿童提供更好更安全的人工智能战略。

4.5.7 社会和环境福祉

要使人工智能可信赖，除了其他因素外，还应该把它对环境和其他生物的影响也纳入考虑范围。这意味着，所有人类，包括当代人类和子孙后代，都应该尊重生物多元化和环境宜居性，并从中受益。作为人类的工具之一，人工智能系统应该以可持续性为方向并对环境负责，这是必然的要求，这尤其适用于针对全球问题的人工智能解决方案。因此，不应该仅从个人角度考虑人工智能系统的影响，还应该从更广泛的社会的角度对此进行考虑。[②]根据公平和预防伤害原则，更广泛的人类自然环境应该被视为人工智能系统的利益攸关方，我们应该鼓励人工智能系统的可持续性和对生态的尊重。因此，这项研究应该推进到人工智能解决方案中，以解决全球关注的问题，包括子孙后代的自然环境，来造福全人类。人工智能系统解决的是最紧迫的社会问题，但必须确保尽可能以最环境友好的方式实现。在这方面，应该对人工智能系统的整体供应链进行评估，严格测量资源的使用和能源的消耗量、废物限制和循环利用情况。确保人工智能系统对环境友好，应该成为可信赖人工智能的必要部分。

82 在所有领域中，都可以观察到社交人工智能系统的存在。[③]这包括教育、文化、劳动、研究和娱乐行业。[④]这种现象的终极影响可能会改变社会关系的概念。正如人工智能系统可以提高社交能力，但也会扰乱人们的

---

① Commission, ‘European Strategy for a Better Internet for Children’ (Communication) COM (2012) 0196 final.

② Commission, COM (2019) 168 final (n 6) 6.

③ 这表示，通过模拟人与机器人（具身人工智能）交互的社会性，或模拟虚拟现实中的替身交互的社会性，人工智能系统实现了与人类的通信和交互。通过这样做，人工智能系统有可能改变人类社会文化实践，或改变人类社会生活的结构。

④ Geslevich Packin, Lev-Aretz (n 31) 108.

生理和心理健康。因此，必须仔细检查和思考这些系统的影响。

同样的观点也适用于人工智能系统的社会视角，及其对机构、民主、政治选择、权力形式和整个社会的影响上。因此，应该仔细审视我们对人工智能系统的使用，尤其是在与民主进程相关的情况下，包括政治决策和政治选举。①

人工智能系统能够提供工具，捍卫机构的完整性、个人隐私安全和环境保护。②具体来说，是通过检测和发现歧视、根除侵犯隐私的内容、改善污染物和污染源的检测方式等来实现上述目的的。与此同时，人工智能系统还会对个人、社会和环境带来负面影响，如歧视、偏见、侵犯隐私、社会排斥、经济排斥、环境污染等。③因此，还应该从提供充足保护、防范上述情况的角度，对可信度进行反思并讨论。

政府愿意确保安全性的其中一个原因是为人工智能系统构建无处不在的监控系统。如果发挥到极致水平，这可能会构成威胁。可信赖人工智能意味着不需要政府建立针对个人的大规模监控。相反，政府只需要部署和采购那些尊重法律和基本权利并符合基本伦理准则的人工智能系统。

同样地，对个人和社会进行商业监控的做法也应该遭到反对。尤其是针对消费者而言，他们的基本隐私权和自由选择权应该得到尊重。这还与名义上的免费服务相关，如前所述，应该考虑到机构、商业和个人之间的权利不对等。经济、数据和计算方面的不对称可能会产生不均衡性。想要反制，至少应该推出强制自我识别的人工智能系统，在系统与人互动时，在终端用户无法认清自己是否正在与人工智能系统互动的情况下，人工智能系统的部署者应该透露互动对象不是人类，从而遵循完全透明原则。人工智能解决方案的设计师、部署者和使用者应该制定循环经济方案，使得

83

① HLEG AI, 'Ethics Guidelines for Trustworthy AI' (n 134) 19.

② Floridi, *The 4th Revolution* (n 38) 119.

③ S. J. Blodget-Ford, 'Future privacy: a real right to privacy for artificial intelligence' in Woodrow Barfield, Ugo Pagallo (eds.), *Research Handbook on the Law of Artificial Intelligence* (Edward Elgar 2018) 317.

系统能够应对可持续发展的挑战。应该从制度上激励企业，减少数据中心、设备、大数据人工智能和现代计算架构的碳足迹，从而保证人工智能产品和服务不会对可持续发展产生过度影响。①

欧盟应该建立检测机制，持续分析、衡量和评判人工智能的社会影响，这能帮助跟踪人工智能对社会带来的正面和负面影响，以便对战略和政策进行不断调整。欧盟所有相关机构都应该被纳入该机制，确保生成的信息是可信的、高质量且可验证的、可持续且可用的，以便人工智能解决方案能自行检测和衡量自身的社会影响。②

社会福祉包含一些特定的要素，其中之一是监测根据儿童档案构建的个性化人工智能系统的发展。人工智能系统应该谨慎确保自身符合基本权利、民主和法治原则的要求。在这方面，引入关于合法年龄的讨论是非常切题的，到达合法年龄后儿童将收到一份载有其儿童时期的全部公共或私人存储数据的干净数据表。

对于私营部门部署的人工智能系统，则应考虑采取具体措施。例如，在安全关键应用程序中，应该强制要求对可信赖人工智能进行评估。此外，可能还需要采取其他措施，如与相关部门进行利益攸关方协商、可追溯性、可审核性和事前监督要求等。③如果发现有害的违规行为，应该引入一个能立刻启动有效补救措施的新机制。④

总之，可信赖人工智能是促进个人和社会福祉的有效手段。这被认为与对可信赖人工智能在可持续性方面的期望直接关联，且有助于保护社会和自然环境。可信赖人工智能需要获得发展、提高竞争力以产生有益的进步，需要具有包容性以允许每个人都能从中受益。科技是创新和生产力的关键驱动力。人工智能是当代最具变革性的科技之一。然而，运用可信赖 84

---

① HLEG AI, ‘Policy and Investment Recommendations’ (n 5) 11-12.

② 同上，14。

③ 参看 the UN Convention on the Rights of persons with disabilitie https://www.un.org/development/desa/disabilities/convention-on-the-rights-of-persons-with-disabilities.html，获取于 2020 年 7 月 22 日。

④ HLEG AI, ‘Policy and Investment Recommendations’ (n 5) 40.

人工智能增进人类福祉，意味着需要具备各种先决条件，尤其要确保向个人和社会赋能，并对他们进行保护。个人应该意识到并理解人工智能的能力、局限性及其影响。人们还应该接受必要的教育，拥有能使用科技的技能，从而从科技中获益。人们应该做好准备，接受因人工智能系统的盛行而变化的环境。如前所述，人们还需要足够的保护，免受人工智能带来的不利影响。①

4.5.8 问责制

问责制是可信赖人工智能要求中的最后一个，与上述谈到的其他要求密切关联，尤其与公平性的关系最为密切。要保证人工智能系统的问责制及其结果，可审核性是关键，因为内部及外部审查人员能对伦理要求进行评估，且其审查意见和评估报告能被访问，这将大大提高科技的可信度。对于安全关键的应用程序，当涉及基本权利时，尤其应该确保审查意见的可访问性。另外，还应该识别、评估和最小化可预见的人工智能系统的不利影响。出于可追溯性原因，还应该对此进行记录。我们应该实施影响评估方法以促进这一进程发展，但人们普遍认为，评估应与人工智能系统带来的风险相匹配。相关要求应该平衡合理性与方法论的可解释性，在出现负面影响时，应该对可用的机制进行预判，以保证采取适当的补救措施。②

就可审核性而言，需要对算法、数据和设计过程进行评估，但这并不意味着与人工智能系统相关的所有商业模式和知识产权信息都需要公开。实际上，很多时候，特殊的知识产权和商业秘密保护着人工智能系统，使得可审核性受到严重制约。但是，审查人员进行的评估和评估报告的可用性，都有助于建立科技的可信度。在涉及基本权利时，独立审查具有特殊重要性。

为了构建人工智能系统的可信赖性，需要建立报告机制，内容涉及产

---

① HLEG AI, 'Policy and Investment Recommendations' (n 5) 47.

② Commission, COM (2019) 168 final (n 6) 6.

生给定系统结果的行动和决策。此外，还需确保配备处理其引发后果的应对工具，应该提供适当的保护，对举报人、非政府组织、工会，以及那些致力于识别、评估、记录和将人工智能系统潜在负面影响降到最低程度的人提供保护。在开发、部署和使用人工智能系统之前、期间或之后，使用影响评估模型，将有助于将潜在负面影响降至最低。评估的要点和行动计划，应该与人工智能系统可能带来的风险相匹配。有能力对人类生活和福祉造成影响的系统（如算法驱动的医疗设备）和仅根据偏好向用户推送不同内容的流行媒体平台［如奈飞（Netflix）］应该被区别对待。

85

在建立人工智能系统可信赖性的过程中，本书陈述的要求可能导致人类与系统之间的关系紧张，进而导致不可避免的利弊权衡。在利弊权衡时，应该采用理性的、方法论的方式，来明确相关利益和价值观。如果双方之间发生冲突，应该权衡利弊，从人工智能对伦理准则带来风险的角度进行评估。当没有伦理上可接受的权衡方法存在时，人工智能系统则不能以这种方式继续运行。政策制定者对所有要求的实施负责，并应该对所做出的取舍持续进行反思，看其是否合理。如有必要，可以对系统进行更改。此外，当人工智能系统产生负面影响时，应该运用预设的机制进行适当的修正。在出错时及时采取补救措施，是对设计师、开发人员和部署人员进行问责的关键点。①

实现上述要求可以采用技术方法和非技术方法，这些方法涵盖人工智能系统生命周期的所有阶段。对为了实施相关要求而采用的方法进行评估，在实施的过程中进行报告和修正，这些做法都要以不间断的方式进行。②人工智能系统在动态的环境中不断进化和运行，因此，可信赖人工智能的实现是一个持续的过程。

有多种非排他性方法可用于确保人工智能系统的可信赖性。由于在给定情况下，可能会涉及不同的要求和敏感性，这些方法既可以是相互补充

---

① HLEG AI, 'Ethics Guidelines for Trustworthy AI' (n 134) 19-20.

② Wildhaber (n 109) 583.

的，也可以是相互替代的。对方法进行选择和使用，是人工智能系统设计师、开发人员和部署人员的责任。这些方法中，部分带有技术属性，旨在保障可信赖人工智能正常发展，但是其成熟度各不相同。

可信赖性的相关要求应该被反映在程序中，而程序又被固定在人工智能系统的架构中，这可以通过系统应该始终遵循的规则白名单来实现。同样地，设计师、开发人员和部署人员应该设置合适的工具箱，用于伦理审查。此外，对于系统不应违背的行为或状态规范，可以建立类似黑名单的程序。通过单独的编码程序监控系统的合规性是不错的选择。

86

通过有效地实施“通过设计……”体系可以改善问责制。通过设计价值方法可以在系统必须遵守的抽象原则和具体实施决定之间建立联系。正如我们在本书中所探讨的，人工智能需要实施的“通过设计……”规则有很多，如通过设计保护隐私、通过设计遵循伦理、通过设计保护安全、通过设计维护法治等，这些规则需要在设计时就嵌入系统。想要打造可信赖人工智能系统，应该通过设计过程保证其符合道德规范，使用的数据和结果应该能够抵御任何来源的恶意攻击和错误行为。最后，设计系统时不应该损害民主制度基本原则。在“通过设计……”方法中，遵守人工智能系统应在设计中实施的规范是一个关键点。在实践中，这种方法与其他领域的合规性保证流程没有多大区别，即责任实体应从最初就开始识别，并评估自己的人工智能系统的影响。同时，他们必须认识到自己的人工智能系统必须遵守的规范。

确保问责制的另一个前提条件来自这样一种假设，即如果想要系统被认为是可信赖的，人类需要理解系统为何会以特定的方式行事，为何会做出特定的解释。可解释的人工智能概念试图解答这个问题，以便更好地理解系统的底层机制。使用神经网络的过程可能会导致参数被设为数值，难以与最终结果相关联。令人担忧的是，数据值的细小变化可能会导致解释上的巨大改变。系统的攻击者可能会利用这个漏洞。这方面涉及可解释的人工智能研究方法，在向用户解释系统行为上和选择并部署可靠科技上发挥着重要作用。

由于人工智能系统的不确定性和环境特定性，仅有传统的测试是不够的。当程序使用足够真实的数据时，系统使用的概念和表示可能会出现故障。因此，要验证数据的处理，在培训和部署时，必须仔细监控底层模型，使得其内在的稳定性、强健性和运行都处于能被理解和预测的范围之内。必须保证规划过程的结果与输入一致，且决策的方式允许对底层过程进行验证。

可信度从来不是一个静态的特征。因此，必须尽早、尽可能频繁地对可信度进行测试和验证。这是问责制范畴内的问题，以保证在生命周期内，尤其是在部署之后，系统的行为与规划的一致。应该开发多个指标，涵盖所有依据不同角度测试的种类，并由不同的测试小组进行检查。测试小组应该包括蓄意破坏系统以寻找漏洞的小组，以及请外部人员检测和报告系统问题的小组。

应该确定恰当的服务质量指标，确保被检测的人工智能系统是按照安全要求开发的。这些指标是评估指标，可用于评估算法以及功能、性能、可用性、可靠性、安全性和可维护性等典型软件指标。①

87

4.6 评估可信赖人工智能

4.6.1 人工智能开发人员和部署人员开展的评估

可信度评估尤其适用于直接与用户交互的人工智能系统，主要由开发人员和部署人员开展。对合法性的评估是法律合规功能的责任。人工智能系统可信度的其他要素，需要在特定的运行环境中进行评估。对这些要素的评估，应该通过包含运行和管理水平的治理架构来实施。

评估清单和治理结构应该是一个定性和定量的双重过程。定性过程旨在保证代表性，由一定数量的来自各个行业、规模各异的实体提供深入的反馈意见，评估的定量过程意味着所有利益攸关方都能通过公开的商讨会

① HLEG AI, 'Ethics Guidelines for Trustworthy AI' (n 134) 21-22.

提供反馈意见。然后，相关结果将被整合入评估清单，目标是实现可以横跨所有应用程序的框架，由此打下基础，确保可信赖人工智能可应用于各个领域。一旦开展此类评估，它将成为跨行业的特定应用框架的基础，可以再做进一步开发。①

对评估结果的使用，要求关照到受关注的领域和因某些原因而无法回答的问题。如需提前规避此类情况，则应该保证人工智能系统设计和测试团队技巧和能力的多元化。为了达到这个目标，我们建议让机构内外的利益攸关者均参与进来。理想情况下，评估本身将指导人工智能从业人员实现可信赖人工智能的目标。评估应该以适当的方式参考并记录具体用途，以便解决提出的问题。应该鼓励对可能采取的步骤进行反思，以便实现可信赖人工智能。很多人工智能从业人员都有现成的评估工具和软件开发流程，以保证遵守非法律层面的伦理标准。评估不应该以单独的形式开展，应该被纳入更广泛的持续实践中。②

88

4.6.2 评估过程的治理结构

我们可以通过各种结构对评估过程进行管理。具体可以通过把评估过程融入现有治理机制，或采取新的过程来实现。应该始终根据实体的内部结构、规模和资源，选择相匹配的方式。研究显示，与其他的一般性合规审查一样，这需要最高管理层的关注以实现改变。③研究还显示，所有利益攸关方都参与，能提升新的技术或非技术流程的接受度和相关性。④例

---

① HLEG AI, 'Ethics Guidelines for Trustworthy AI' (n 134) 24.

② 同上，15-26。

③ 参见 https://www.mckinsey.com/business-functions/operations/our-insights/secrets-of-successful-change-implementation，获取于 2020 年 7 月 22 日。

④ 参见，例如，Alex Bryson, Erling Barth, Harald Dale-Olsen, 'The Effects of Organizational Change on Worker Well-Being and the Moderating Role of Trade Unions' (2013) 66 ILR Review; Uwe Jirjahn, Stephen Smith, 'What Factors Lead Management to Support or Oppose Employee Participation—With and Without Works Councils? Hypotheses and Evidence from Germany' (2006) 45 Industrial Relations: A Journal of Economy and Society 650-680; Jonathan Michie, Maura Sheehan, 'Labour Market Deregulation, "Flexibility" and Innovation' (2003) 27 Cambridge Journal of Economics 123-143.

如，不同的治理模型可能需要内部或外部伦理（及行业）专家的参与。董事会可能有助于突出潜在的冲突领域，并针对冲突领域给出最佳解决方法和建议。因此，因发现问题和疑虑对人工智能创新进行全面评估时，董事会应该担任上报机构。与受到人工智能系统负面影响者等利益攸关方进行有意义的磋商和讨论是非常有用的，这种方式符合良好管理原则，根据该原则，受到人工智能系统影响者应该通过信息、咨询和参与等环节参与磋商和讨论。

在可信赖性评估中，最高管理层设定基调，并确定讨论、评估人工智能系统开发、部署或采购的必要性。董事会可以有效地执行监督任务，重点关注人工智能技术专业度、基础设施监督、法律和伦理合规以及人工智能对商业和行业的影响等领域。为了保证有效监督，董事会成员必须具备人工智能知识。他们还应该全面了解和知晓公司使用或开发的人工智能科技的技术方面的内容，同时还应该洞察伦理和法律挑战。①为了支持公司的管理，合规、法务和企业责任等控制部门应该监控评估程序的使用，以及对评估建议的贯彻落实。控制部门还应该更新关于人工智能系统的标准和内部政策，保证人工智能系统的使用遵守当前的法律和监管框架，并符合企业政策。产品和服务开发部门应该利用评估报告审核人工智能产品和服务，并记录这方面所有的控制结果，这些结果应在管理层进行讨论以便获得批准。质量控制或同等部门也应该承担类似责任，它们应该检查评估结果，并在结果不尽如人意或没有需要实施的结果时向上级报告。②其他部门，如人力资源和采购，也应该在各自范围内参与审核评估报告。

89

出于伦理合规目的，机构应该设立治理框架，保证对与人工智能系统开发、部署和使用相关联的伦理决定的问责，或更广泛层面上的与网络技术开发、部署和使用相关联的伦理决定的问责。这应该从任命人员着手，

---

① International Corporate Governance Network, 'Artificial Intelligence and Board Effectiveness' (February 2020) https://www.icgn.org/artificial-intelligence-and-boardeffectiveness，获取于 2020 年 7 月 22 日。

② HLEG AI, 'Ethics Guidelines for Trustworthy AI' (n 134) 24-25.

任命一位负责与科技相关的伦理问题的人员，或伦理小组、董事会、委员会等。其角色应该是监督和建议。此外，专门的认证系统或体系也可以给予支持。另外，还应该采取更多措施，在行业内部或行业之间，在监管方、意见领袖和其他相关群体之间，构建高效的沟通渠道。应该鼓励相互分享最佳实践、相关知识、经验和已验证的模型，讨论困境或报告新出现的伦理问题。这套机制只能作为法律监督和监管审查的补充措施。①

4.6.3 合规评估的不足

对于如何保证可信赖人工智能，还没有为利益攸关方提供完全概念化的和普遍被接受的指导。同样地，在如何保证发展符合伦理且强健的人工智能方面，也没有相关指引。虽然许多法律义务已经满足了其中部分要求，但是这些法律义务到位的程度依然存在不确定性。同时，在开发和使用能确保人工智能系统可信度的评估措施上也缺乏指引标准。②

90

4.7 人工智能领域法律与伦理的关系——批判性视角

考虑到前文所探讨的可信赖人工智能伦理准则，有必要总结一下法律与伦理间复杂的关系。正如我们所说的，法律和伦理要求，即使相互关联，也应该被视为独立的要求。如 AI4 Peoples 关于良好的治理的报告中所提到的，在人工智能领域，法律和伦理的关系可以分为三种。③第一种描述了伦理准则对硬法律的影响，硬法律是自上而下的措施，但是，在这个背景下现有法律框架并不总能容纳伦理准则。透明度是展现两者间紧张关系的最佳例子，从可信赖性的角度看，透明度毫无疑问是关键的，也是

① HLEG AI, 'Ethics Guidelines for Trustworthy AI' (n 134) 23.

② HLEG AI, 'Policy and Investment Recommendations' (n 5) 43.

③ Ugo Pagallo et al., 'AI4 People. Report On Good AI Governance. 14 Priority Actions, a S.M.A.R.T. Model of Governance, and a Regulatory Toolbox' (2019) 11 https://www.eismd.eu/wp-content/uploads/2019/11/AI4Peoples-Report-on-Good-AI-Governance_compressed.pdf，获取于 2020 年 7 月 22 日。

基本的伦理准则之一。如遇到涉及知识产权和国家安全法规的情况，遵守透明度要求就会变得非常困难，有的时候甚至是不可能的，因为这些法规本身不具有透明度，这是为了捍卫公司的知识资产或公共安全共同利益，而这两项权利在社会价值体系中理应享有特权地位。伦理准则和约束性法律间的第二种关系是两者彼此之间没有冲突，在伦理和法律的领域下和平共存。[①]第三种关系则是基于人工智能是具有破坏性的科技这一事实，人工智能不仅假设法律与伦理可以和平共处，而且在伦理准则层面也允许区分各个政府和非政府论坛采用的原则。不同的经济主体、社会团体和社会伙伴都在不断发展自身的价值观，这些新的价值观不仅要与法律要求相比较，还要与已经制定的伦理准则相比较。

出于这些考虑，欧洲人工智能高级别专家组起草《人工智能伦理准则》是尝试在现有和未来立法背景下解读何为符合伦理的人工智能，并展示如何才能补充并强化法律和监管环境。[②]

---

① Beever, McDaniel, Stamlick (n 13) 51.

② 同上。

5 实现可信赖人工智能的非技术性方法

5.1 监 管 方 面

5.1.1 基于风险的方法与基于预防原则的方法

有很多非技术性的方法可能会对获得和维护可信赖人工智能有所帮助。应该对这些非技术性方法进行持续评估。当前已经存在支持人工智能可信赖性的法规，例如，产品安全和责任框架。如作相应的内容修订、调整或引入，该法规可以成为一种保障和促进因素，并会因此成为通过非技术方法实现可信赖人工智能的有效方法。[①]

对不断变化的技术环境进行控制和监督的监管工具，通常以基于风险或基于原则的方法来构建。就基于风险的方法而言，监管干预的特点、强度和时间应取决于人工智能系统所产生的风险类型。[②]因此，作为所进行的分析的结果，法规应与基于相称和预防原则的方法保持一致。在分析过程中，应区分、衡量各种风险等级并对其进行分类。例如，我们可以根据这些风险带来的影响和识别这些风险的因素来对它们进行区分、衡量和分类，即看这些风险是可接受的还是不可接受的，和/或这些风险的发生概

---

① HLEG AI, 'Ethics Guidelines for Trustworthy AI' (n 134) 22.

② Ernst Karner, 'Liability for Robotics: Current Rules, Challenges, and the Need for Innovative Concepts' in Sebastian Lohsse, Reiner Schulze, Dirk Staudenmayer (eds.), *Liability for Artificial Intelligence and the Internet of Things. Muenster Colloquia on EU Law and the Digital Economy Ⅳ* (Hart Publishing, Nomos 2019) 121.

率有多大。人工智能产生的风险的影响越大，概率越高，适当的监管措施就应该越严格。风险是一个广泛的概念，包括对个人和社会的有害影响。这些风险的特征可能是明确的（例如，对环境或人类生命的伤害），也可能是抽象的（例如，对民主或法治的损害）。① 92

这意味着，如果人工智能应用程序将产生不可接受的风险，相关的法规应该体现基于预防原则的方法②。③在出现对环境、人类或社会利益的潜在损害威胁时，应采取这些预防措施，必须通过公开、透明和负责任的审议来确定不可接受的风险的类型、严重程度和概率。在审议中必须考虑欧盟的法律框架和《欧洲联盟基本权利宪章》规定的义务。

在设计监管框架时，应特别关注并适当考虑对基于人工智能的决策的自主性水平的分析。这尤其取决于自主权是否仅指信息来源、支持功能，或者是否是排除任何人类参与的整个系统的特征。在任何情况下，在涉及开发和部署人工智能系统时，自主性应受到严格的监管审查。④为了保证这种新的监管措施，应该建立治理机制，来充分保护社会和个人免受不利影响以便进行监督，并在必要时执法，同时不阻碍潜在的创新。⑤

在为可信赖人工智能建立一个体制结构以填补欧盟现有的管理空白时，该体制结构应有利于促进发展框架和政策，保障人工智能的合法性、伦理性和稳健性，提供相关指导来使人工智能应用符合相关法律和监管要求，辅助应用基于风险的方法（包括评估人工智能产生的风险的强度、概

---

① 更多关于人工智能技术相关威胁、风险和危害和错误的信息，请参见 Karen Yeung (rapporteur), ‘A Study of the implications of advanced digital technologies (including AI systems) for the concept of responsibility within a human rights framework’, DGI (2019) 5 (Council of Europe 2019) 28-43.

② 基于预防原则的方法通常被用于环境监管；Didier Bourguignon, ‘The precautionary principle. Definitions, applications and governance’ (European Parliament 2016).

③ 欧盟委员会认为，“在科学信息不充分、无结果或不确定的情况下，以及有迹象表明环境或人类、动物或植物健康面临的影响可能存在潜在危险和与所选择的保护水平不一致的情况下，可以作出援引预防原则的决定”。Commission, ‘Communication on the Precautionary Principle’, COM (2000) 0001 final.

④ HLEG AI, ‘Policy and Investment Recommendations’ (n 5) 38.

⑤ 同上，49。

率和不可接受性），监督可能产生重大系统性影响的应用，协助制定标准，促进欧盟内部的合作，建立最佳实践方法库，并为人工智能带来的社会经济变化做好准备。①

93 虽然这样一个既能刺激竞争和创新，同时又能保障基本权利的监管环境非常令人赞叹，但面对人工智能提出的新挑战，我们需要反思欧盟目前的监管制度和治理结构是否充分。这意味着，需要为可信赖人工智能调整现有的监管和治理框架。理想情况下，这样的框架应该能够促进人工智能的发展与部署，确保并尊重基本权利、法治和民主，并保障个人和社会免受不可接受的伤害。要想建立一个可将人工智能的利益最大化同时又可防止和减少人工智能带来的风险的适当监管和治理框架不是一件简单的事。此外，我们不仅要建立这样的监管和治理框架，还要建立相应的独立的监督机制。有人认为，我们甚至还需要提高决策者的决策能力、增强他们的专业知识和手段。②

在这样做之前，需要对现有的欧盟法律和其他与人工智能系统相关的法规进行系统了解和评估。在了解这些法规的过程中，首先要考虑的是，这些法规将如何促进和保证实施伦理准则。此外，还需要考虑现有的监测、信息收集和执行框架是什么，以及这些框架是否能够提供有效的监督问题来确保目标能够有效实现。③

欧盟委员会在其《人工智能白皮书》中指出，基于风险的方法在于确定监管干预是否相称。人工智能应用应根据其高风险或低风险特征进行明确区分。高风险的人工智能应用应符合两个累积标准：第一，人工智能的使用领域是风险高发领域（运输、医疗、能源、部分公共部门等），关于人工智能的新条例应详尽列出这些领域；第二，人工智能在特定领域的使用方式可能会引发重大风险，这种风险评估应基于对受影响方造成的影响

① HLEG AI, ‘Policy and Investment Recommendations’ (n 5) 41-42.

② HLEG AI, ‘Policy and Investment Recommendations’ (n 5) 37.

③ 同上，38。

（例如，如果应用人工智能带来了伤害或死亡风险）[①]，并将影响监管力度。如果人工智能应用属于高风险类别，则应适用未来监管框架的所有强制性要求。对于非高风险的应用，可以适用自愿措施。

5.1.2 基于原则的方法与规定性和决疑性规则

另一种监管人工智能的方法隐藏在构思和应用人工智能技术时应遵守的原则中。这一过程的基础是分析目前的法规在多大程度上是基于原则存在的，以及这些原则对技术挑战的反应有多强烈。在这种方法中，应对现有法规进行持续审查。此外还应该评估人工智能系统所产生的风险是否可以被现行法规充分解决。详细的规定可能会涉及特定的问题，如识别、跟踪、剖析和推断它们是否是非法的或不合法的，只有在特定条件（如国家安全问题）发生时，才能在例外的基础上为该目的使用这些技术。即使在这些条件下，这些技术的使用也应该有据可循，而且只能在必要时适当使用。[②]除了对现有监管环境的静态体制结构进行评估外，还必须从动态、功能的角度对其进行审查。这意味着要调查那些能够确保信息收集工作、法律标准的监测和执行工作有效开展的职权范围、能力和资源，以保障调查的有效性。[③]这些调查要优先遵循的标准应该是尊重这些技术应该遵守的基本原则。

94

从这些原则的角度进行监管评估的结果是，要通过这些工具实现可信的人工智能需要采取一系列相互关联的行动。其中之一应该是协调整个欧盟的监管实施和执行机制，使其规定具有连贯性和非排斥性。[④]如果愿意为可信赖人工智能创造一个真正的欧洲单一化市场，国家层面的监管干预

① Commission, COM (2020) 65 final (n 168) 17-18.

② 它还延伸到情感跟踪、移情媒介、DNA、虹膜和行为识别、情感识别、语音和面部识别以及微表情识别等由人工智能驱动的生物识别方法。HLEG AI, ‘Policy and Investment Recommendations’ (n 5) 40.

③ 同上。

④ Amato (n 75) 92.

应该满足辅助性、必要性和相称性原则。①此外，应鼓励感兴趣的利益攸关者参与这一进程，提供使民间社会组织能够参与促进《可信赖的人工智能伦理指南》的试点进程的资金，并确保后续行动得到适当安排。

政策制定者和监管者必须采取有针对性的方法来促使欧盟成为新的经济和技术单一化欧洲人工智能市场。这是一项复杂的工作，它涉及众多方面，包括避免市场分裂，同时保持对个人权利和自由的高度保护。要做到这一点，政策制定者和监管者应该通过观察人工智能的整体影响来考虑整体布局。从非常实际的角度来看，这意味着应该从影响和促进因素（如所需的治理和监管措施）方面来分析特定部分的基本逻辑。②

95

然而，在技术快速变化的大背景下，应避免不必要的规定性监管。因此，采取基于原则的监管审查方法和基于结果的政策监管要求可能是最佳选择。所有这些均应基于严格的控制、监督和执行。如果欧盟委员会将其关于人工智能的政策措施建立在欧盟的价值观和原则之上，它应该将可信赖人工智能的愿望目标转化成一套具体的指标。这些指标不仅可以作为一个参考，同时还可以用来监测欧盟市场向既定政策目标靠拢的情况。应该指出的是，由欧洲议会起草并提交给欧盟委员会的关于人工智能伦理方面的法规提案，代表了这样一种基于原则的方法。③

然而，即使在基于原则的方法中，也应考虑采用针对具体细分部分的方法。在制定人工智能的监管框架时，应确保采取必要的措施来保护个人、社会、市场或任何有价值的具体情况免受潜在伤害。因此，在 B2C、B2B 和 P2C 背景下开发和部署的任何人工智能相关产品和服务，都应根据特定方法的优点而进行具体调整。

---

① 应避免欧盟成员国层面的规则碎片化，并优先创建真正的系统和服务。同时，与欧盟未来的人工智能横向政策框架相比，可能会有一些特定的领域适用额外的监管要求：银行、保险和医疗保健等领域已经面临重要的监管要求，可能会与新兴的人工智能政策框架相重叠。在这些领域，以及任何其他具有这种重叠的领域，欧盟委员会定期进行检查，以确保立法设计得当，清晰明了，并得到有效实施。

② HLEG AI, 'Policy and Investment Recommendations' (n 5) 48.

③ European Parliament, 2020/2012 (INL) (n 35).

组织和利益攸关者可以签署《可信赖的人工智能伦理指南》，并调整他们的企业责任章程、关键绩效指标（KPI）、行为规范或内部政策文件，以努力促进可信赖人工智能的实现。从事人工智能系统工作的组织可以更广泛地记录其意图，并通过添加某些理想价值标准（如基本权利、透明度和避免伤害等）来支持这些意图。①

5.2 标准化和认证

可信赖人工智能的许多目标和要求可以通过标准化和认证来具体实现。由于人工智能具有全球性的影响并造成全球性的挑战，为此需要制定国际标准（特别是在人工智能的伦理层面），以帮助实现主要的人工智能政策目标。目前，两个主要的国际标准机构正在制定人工智能标准。第一个是国际标准化组织（ISO，负责制定和发布社会经济生活各领域的国际标准）和国际电工委员会（IEC）第一联合技术委员会（ISO/IEC JTC 1）②，其由国际标准化组织和国际电工委员会建立。该第一联合技术委员会下设人工智能标准委员会（SC42）具体开展工作。第二个制定人工智能标准的国际机构是电气电子工程师学会标准协会（IEEE SA）③，下设人工智能标准系列的工作组具体开展工作。

96

国际标准的优势在于它能够指导和引导新技术的开发和应用，并确定其社会影响。这些标准还搭建了一个了解和考虑专家意见的平台。参与标准化进程的专家对标准有影响，而这些标准对解决特定问题的全球方法不仅有事实影响，有时还有法律影响。另外，特别是对于人工智能研究组织来说，国际标准机构比组织自我监管有更大的影响力和合法性，后者很多时候只适用于某些公司或狭窄的行业。参与讨论的国际标准机构也是达成

① HLEG AI, 'Ethics Guidelines for Trustworthy AI' (n 134) 22.

② 参见 https://www.iso.org/isoiec-jtc-1.html，获取于 2020 年 7 月 22 日。

③ 参见 https://standards.ieee.org/content/ieee-standards/en/about/index.html，获取于 2020 年 7 月 22 日。

共识的平台，可以解决专家的分歧，这对人工智能技术的进一步发展可能至关重要。最后，由于国际标准是通过国际贸易规则、国家政策或企业战略传播的，因此其具有全球影响力和执行力。①

根据国际标准化组织的规定，国际标准本身是“活动或其结果的规则、准则或特征，目的是在特定情况下实现最佳的秩序度。它可以有多种形式。除了产品标准之外，其他的例子包括测试方法、行为守则、指导标准和管理系统标准”②。

目前，国际标准化组织和国际电工委员会第一联合技术委员会的人工智能标准委员会和电气电子工程师学会都在开展工作，旨在制定专门针对以下问题的国际人工智能标准：《人工智能概念与术语》（SC42 CD 22989③）；《运用机器学习的人工智能系统框架》（SC42 WD 23053④）；《系统设计期间解决伦理关切的模型过程》（IEEE P7000⑤）；《自治系统的透明度》（定义测量结果的透明度级别）（IEEE P7001⑥）；《数据隐私程序》（IEEE P7002⑦）；《算法偏差注意事项》（IEEE P7003⑧）；《儿童与学生数据治理标准》（IEEEP7004⑨）；《透明雇主数据治理标准》（IEEE P7005⑩）；《个人数据的人工智能代理》（IEEE P7006⑪）；《伦理驱动的机器人和自动化系统的本体标准》（IEEE P7007⑫）；《机器人、智能与自主系统中伦理驱

97

① Peter Cihon, ‘Standards for AI Governance: International Standards to Enable Global Coordination in AI Research and Development’ (2019) 10-15 https://www.fhi.ox.ac.uk/wp-content/uploads/Standards_-FHI-Technical-Report.pdf，获取于 2020 年 7 月 22 日。

② ISO ‘Deliverables’ (2019) www.iso.org/deliverables-all.html，获取于 2020 年 7 月 22 日。

③ 参见 https://www.iso.org/standard/74296.html，获取于 2020 年 7 月 22 日。

④ 参见 https://www.iso.org/standard/74438.html，获取于 2020 年 7 月 22 日。

⑤ 参见 https://standards.ieee.org/project/7000.html，获取于 2020 年 7 月 22 日。

⑥ 参见 https://standards.ieee.org/project/7001.html，获取于 2020 年 7 月 22 日。

⑦ 参见 https://standards.ieee.org/project/7002.html，获取于 2020 年 7 月 22 日。

⑧ 参见 https://standards.ieee.org/project/7003.html，获取于 2020 年 7 月 22 日。

⑨ 参见 https://standards.ieee.org/project/7004.html，获取于 2020 年 7 月 22 日。

⑩ 参见 https://standards.ieee.org/project/7005.html，获取于 2020 年 7 月 22 日。

⑪ 参见 https://standards.ieee.org/project/7006.html，获取于 2020 年 7 月 22 日。

⑫ 参见 https://site.ieee.org/sagroups-7007/，获取于 2020 年 7 月 22 日。

动的助推标准》（IEEE P7008[①]）；《自主和半自主系统的失效安全设计标准》（IEEE P7009[②]）；《合乎伦理的人工智能与自主系统的福祉度量标准》（IEEE P7010[③]）；《新闻信源识别和评级过程标准》（IEEE P7011[④]）；《机器可读个人隐私条款标准》（IEEE P7012[⑤]）；《面部识别系统的准确性标杆》（IEEE P7013[⑥]）；《自主和智能系统中仿真同情伦理考虑标准》（IEEE P7014[⑦]）。在比较两个标准化机构的工作范围时，我们注意到电气电子工程师学会的工作范围要广泛得多。然而，就影响而言，国际标准化组织/国际电工委员会标准有更多的全球影响机制，因为在国际标准化组织和国际电工委员会联合制定标准时各国发挥的影响更大，并且各国执行这些标准的力度更强。[⑧]

除了标准制定之外，电气电子工程师学会还针对系统中的透明度、问责制和算法偏差方面的产品和服务推出了《自主和智能系统伦理认证计划》（IEEE ECPAIS[⑨]）。实施这一认证计划旨在提高健全的和稳健的系统的透明度和可见度，从而提高人们对人工智能的信任度。电气电子工程师学会标准协会的企业成员可以参与认证过程。《自主和智能系统伦理认证计划》分为三个次级认证，其又分别与透明度、问责制和算法偏差有关。

在欧洲目前有一项政策要求在关键的标准化论坛和充足的资源方面制定明确战略。为了对可信赖人工智能的主要组成部分进行投入，欧洲需要制定标准。[⑩]在欧洲议会关于人工智能、机器人和相关技术的伦理框架的建议草案中，有一条款明确指出了即将成立的欧洲人工智能机构的任务， 98

---

① 参见 https://standards.ieee.org/project/7008.html，获取于 2020 年 7 月 22 日。

② 参见 https://standards.ieee.org/project/7009.html，获取于 2020 年 7 月 22 日。

③ 参见 https://sagroups.ieee.org/7010/，获取于 2020 年 7 月 22 日。

④ 参见 https://sagroups.ieee.org/7011/，获取于 2020 年 7 月 22 日。

⑤ 参见 https://sagroups.ieee.org/project/7012.html，获取于 2020 年 7 月 22 日。

⑥ 参见 https://spectrum.ieee.org/the-institute/ieee-products-services/standards-working-group-takes-on-facial-recognition，获取于 2020 年 7 月 22 日。

⑦ 参见 https://standards.ieee.org/project/7014.html，获取于 2020 年 7 月 22 日。

⑧ Cihon (n 394) 20.

⑨ 参见 https://standards.ieee.org/industry-connections/ecpais.html，获取于 2020 年 7 月 22 日。

⑩ HLEG AI ‘Policy and Investment Recommendations for Trustworthy AI’ (n 5) 43.

其主要任务之一是制定颁发欧洲伦理合规证书用的共同标准和申请程序。如果任何开发者、部署者或使用者愿意证明各自的国家监管机构所进行的合规性评估，就可以颁发这种证书。①此外，欧盟委员会在其《人工智能白皮书》中提议为无高风险的人工智能应用建立自愿标签制度。这类应用不能应用于未来立法所列举的特定领域［如医疗保健、交通、能源、部分公共部门（司法部门、移民服务局等）］，并且不产生法律效力或不容易对人类生命构成风险。这种无高风险的人工智能应用的经济运营商将能够自愿遵循所采用的立法要求和计划，并将有机会为其人工智能系统赢得质量标签，从而帮助宣传其可信赖性。②

5.3 包　容　性

5.3.1 设计团队的参与

包容性是建立对人工智能及其伦理层面的信任的过程的一个基本特征。它与多元化、非歧视性和公平性要求密切相关。包容性可以通过建立多元化的研究和开发团队来实现③，这样做可能会减少算法偏差。如今，领先的人工智能研究人员中只有 12%是女性。④平均而言，在欧洲，参与信息与通信技术（ICT）相关研究的男性比女性多 4 倍。此外，接受过信息与通信技术相关教育的欧洲人的总体比例正在下降。在就业能力方面，2015 年，只有 5.8%的欧洲工人从事数字工作。⑤

这种情况可能是围绕人工智能建立一个符合伦理的和可信赖的环境的

---

① European Parliament (2020/2012) (INL) (n 35) 7.

② Commission COM (2020) 65 final (n 168) 17, 24.

③ Floridi, *The 4th Revolution* (n 38) 38.

④ UNESCO Report, ‘I’d blush if I could—Closing Gender Divides in Digital Skills Through Education’ (2019) https://2b37021f-0f4a-464083520a3c1b7c2aab.filesusr.com/ugd/04bfff_06ba0716e0604f51a40b4474d4829ba8.pdf，获取于 2020 年 7 月 22 日。

⑤ Carlota Tarín Quirós et al., ‘Women in the digital age’ A study report prepared for the European Commission (2018) https://ec.europa.eu/digital-single-market/en/news/increase-gender-gap-digital-sector-study-women-digital-age，获取于 2020 年 7 月 22 日。

重要障碍。[①]如果参与研究和设计团队的欧洲成员代表数量不多，作为欧盟监管方法核心的最基本的欧洲价值观可能不会得到充分尊重。此外，女性在科技领域，特别是在人工智能行业的代表性不足，也带来了严重的人工智能系统性别偏见威胁，因为这些系统大多是由男性设计和开发的。关于这一做法的典型例子是，人工智能助手的女性化——人工智能助手的声音大多是女性的声音，它们在受到性骚扰时毫不介意，在受到口头辱骂时还会道歉。有人强调，为了避免这种情况，设计团队应该在民族、文化和性别方面实现多元化。[②]除了打击偏见，确保人工智能研究和设计团队的多元化被认为可以提高研究和创新对整个经济和社会的相关性和质量。设计团队的多元化会显著提高解决问题的能力和决策质量及企业的业绩和创新能力等。[③]

99

欧盟专门制定了一些为增加女性员工在人工智能行业比例的特别政策。这将通过在所有人工智能政策中优先考虑性别平等来实现，其量化目标是到 2030 年女性员工在人工智能高等教育、人工智能劳动力市场和生态体系中至少达到 30%的比例，这需要在包容性方法的基础上大量提供资助机会和奖学金。此外，还强调为人工智能领域的女性提供使用网络、指导和辅导计划等软性工具。[④]值得一提的有欧洲创新与技术研究院所运营的项目，该项目在欧盟委员会的《数字教育行动计划》的框架下[⑤]，在女性中推广数字和创业技能。[⑥]

---

① 关于作为新环境的信息圈的更多信息，请参见 L. Floridi, *The 4th Revolution* (n 38) 219.

② UNESCO Report, ‘I’d blush if I could’ (n 419) 124-125.

③ 参见 Rocío Lorenzo et al., ‘The Mix That Matters. Innovation Through Diversity’ (BCG 2017) https://www.bcg.com/publications/2017/people-organization-leadership-talent-innovation-through-diversity-mix-that-matters.aspx，获取于 2020 年 7 月 22 日。

④ HLEG AI ‘Policy and Investment Recommendations for Trustworthy AI’ (n 5) 34-35.

⑤ Commission, COM (2018) 22 final (n 106).

⑥ 参见 https://eit.europa.eu/our-activities/education/doctoral-programmes/eit-and-digital-education-action-plan，获取于 2020 年 7 月 22 日。

5.3.2 人工智能素养和教育

所有人工智能相关领域和使用人工智能技术的所有实体都应加强对人工智能的认识和理解，尤其应在政府机构、监督机构和机关、司法和执法机构以及教育系统中普及人工智能知识。人们应该意识到影响他们的基于人工智能的系统的存在，并应了解人工智能技术对基本权利可能产生的影响。人工智能素养要比数字素养更进一步。根据联合国教育、科学及文化组织的《全球数字素养框架》，数字素养“是指为实现就业、体面工作和创业而通过数字科技安全和适当地获取、管理、理解、整合、沟通、评估和创造信息的能力。它包括被称为计算机素养、信息与通信技术素养、信息知识和媒体素养的各种能力”[①]。欧洲制定了一个公民数字能力框架，该框架划分了从最简单基本的，到能够解决复杂技术问题和提出新想法的高度专业化的八个能力水平。[②]

100

在讨论人工智能素养的问题时，我们应该记住，这个目标确实很难实现。我们可以将所分析的问题分为几个方面。首先涉及增加欧洲信息与通信技术专业人员的数量，这些专业人员将在人工智能行业工作，设计、编码和管理算法系统。由于几乎所有的欧盟成员国都面临着信息与通信技术专业人员的短缺，所以它们对人工智能的技能均有需求。如果欧洲真的想成为全球人工智能伦理的推动者，就应该通过对高等教育计划采取更多激励措施来提供具有多学科特点的成熟的人工智能教育——这些教育不仅要结合技术知识，还要结合心理学、伦理学和法律的要素。针对这一需求，欧盟委员会通过了《数字教育行动计划》（2018—2020 年），目前正在就其 2020 年及以后的新版本进行公开咨询。该咨询主要关注新冠疫情对教学的影响。[③]这场疫

---

① 参见 http://uis.unesco.org/sites/default/files/documents/ip51-global-framework-reference-digital-literacy-skills-2018-en.pdf，获取于 2020 年 7 月 22 日。

② Stephanie Carretero, Riina Vuorikari, Yves Punie, ‘The Digital Competence Framework for Citizens. With eight proficiency levels and examples of use’ (Publications Office of the EU Luxembourg 2017).

③ 参见 https://ec.europa.eu/education/news/public-consultation-new-digital-education-action-plan_en，获取于 2020 年 7 月 22 日。

情以欧洲近代史上前所未有的方式扰乱了教育系统，也促使了人们对各级教育系统的未来、对算法工具和系统在该领域的可能使用进行反思。

在更多以人工智能为导向的教育举措方面，值得一提的是，欧洲创新与技术研究院正在将人工智能纳入其支持的硕士和博士水平的教育课程中。①

涉及人工智能素养和教育的第二个方面是研究。在这一领域，除了在立法和监管方面的尝试外，欧洲还必须展示其在国际人工智能方面的知识和商业领导地位。研究应包括学术和工业层面，研究结果应有助于实现对人工智能技术的更好理解。为此，应建立更多的人工智能卓越中心来促进工业界和学术界的合作，并制定以人为本的人工智能的方法。研究应具有跨学科和多学科的特点，并应被提交给政策制定者以供其参考。②

101

最后，人工智能素养是一个非常普遍的问题，触及人工智能技术的普通终端用户。广大民众技术知识匮乏和数字技能水平普遍不高可能会阻碍基于人工智能的解决方案的易使用性。因此，有必要将人工智能的内容纳入小学、中学和大学教育中，并为教师提供必要的培训。除了关于机器学习的基本知识外，还迫切需要提高对数据保护权利的认识，并学习使用数据和防止数据滥用的方式；同时，将欧盟制定的伦理准则纳入各级教学计划的主流也至关重要。一旦公众的人工智能素养水平得到提高，新技术的潜在不利影响应该会得到相应降低，而社会成员也将会为正在进行的数字化转型做好准备。③一旦个人、普通用户成为由人工智能驱动的公共治理服务的接受者，他们的人工智能素养就显得尤为重要了。总而言之，人工智能素养与可解释的人工智能的要求密切相关。如果除了信息与通信技术专业人员能够掌握人工智能功能外，一般公众也能够对人工智能有基本认识和了解，有意识地使用人工智能系统并在必要时质疑人工智能的结果，这一要求也就完全得到满足了。

---

① Commission, COM (2018) 795 final (n 3) 11-12.

② HLEG AI ‘Policy and Investment Recommendations for Trustworthy AI’ (n 5) 9-11.

③ 同上。

5.3.3 参与式民主和社会对话

参与是人们目前讨论欧洲民主的关键话题之一。当我们从人工智能的视角看待这个问题时，我们可以将其分为两个主要的角度。第一个角度涉及导致通过欧盟人工智能立法的监管过程。第二个角度涉及人工智能技术作为促进地方、国家或欧盟层面民主进程的参与机制的工具时的一般伦理使用。这些方面乍一看是很独立的领域，但实际上是相互关联的。让公民和利益攸关者参与到人工智能的监管和立法过程中，有助于建立信任和传播关于人工智能系统对社会经济结构潜在影响的知识。它可以让人们意识到他们可以参与到对社会发展的塑造过程中。[①]因此，这个阶段的公民参与和社会对话可以促进公共治理更好地使用人工智能技术，使政治参与更加有效。

参与式民主的本质是通过让公民参与决策过程来提高政策和法律制定的有效性和质量，民主创新概念[②]所涵盖的参与性工具有多种形式。它们被分为三大类：合作治理、审议程序和直接民主。[③]相关的例子包括参与式预算、公民陪审团、审议式调查、公民投票、公民倡议、城镇会议、在线公民论坛、电子民主、人民大会及小型公共机构等。[④]它们大多数处于地方政府层面。然而，目前有学者认为，参与机制的模式应该转移到多级国家层面和超国家（欧盟）层面。[⑤]在欧盟内部，这种参与机制的法律基

102

① Floridi, *The 4th Revolution* (n 38) 176.

② Graham Smith, *Democratic Innovations. Designing Institutions for Citizen Participation* (Cambridge University Press 2009).

③ Brigitte Geissel, 'Introduction: On the Evaluation of Participatory Innovations' in Brigitte Geissel, Marko Joas (eds.), *Participatory Democratic Innovations in Europe: Improving the Quality of Democracy?* (Barbara Budrich Publishers 2013) 10.

④ 更多关于民主创新的类型请参见 Stephen Elstub, Oliver Escobar, 'A Typology of Democratic Innovations', Paper for the Political Studies Association's Annual Conference, 10-12 April 2017, Glasgow, https://www.psa.ac.uk/sites/default/files/conference/papers/2017/A%20Typology%20of%20Democratic%20Innovations%20-%20Elstub%20and%20Escobar%202017.pdf 获取于 2020 年 7 月 22 日。

⑤ Adrian Bua, Oliver Escobar, 'Participatory-deliberative Processes and Public Agendas: Lessons for Policy and Practice' (2018) 1: 2 Policy Design and Practice 126-127.

础是《欧洲联盟条约》第 10.3 条。该条规定，每个公民均有权参与欧盟的民主生活。

欧盟的人工智能政策制定采用了参与机制，因为人们认为，要围绕人工智能建立一个健全的伦理和法律框架，需要社会伙伴和利益攸关者（包括公众）各抒己见并参与其中。其中一个应该与利益攸关者协商的关键问题是如何保证法律的确定性，维护欧盟的价值观（人权、法治和民主），同时促进有益的创新。欧盟委员会正在通过欧洲人工智能高级别专家组、欧洲人工智能联盟和欧洲人工智能项目，参与到这一领域来并开展对话。①如上文 3.3 节所述，欧洲人工智能高级别专家组是一个专家机构，代表利益攸关者来塑造欧盟的人工智能伦理方法，同时，它也是欧洲人工智能联盟的指导小组。该联盟是一个多方利益攸关者论坛，主要就欧盟人工智能发展的所有方面进行更广泛的讨论和协商。第一次欧洲人工智能联盟大会于 2019 年 6 月举行，会上欧洲人工智能高级别专家组提出了《可信赖人工智能政策和投资建议》，并启动了《人工智能伦理准则》的试点进程。由于欧洲人工智能高级别专家组已经为可信赖人工智能的每个关键要求制定了评估清单，该试点进程的目的是获得利益攸关者关于评估清单的结构性反馈。反馈可以通过三种方式进行。首先，可以通过完成上述讨论和协商进行；其次，可以通过欧洲人工智能联盟分享如何实现可信赖人工智能的最佳实践进行；最后，还可以通过参加欧盟委员会组织的深入访谈进行。②超过 450 个利益攸关者登记参加了试点进程，他们对伦理准则的反馈应该在 2019 年底前得到评估。据估计，在 2020 年，欧洲人工智能高级别专家组将按照反馈评估结果审查和更新伦理准则，并适当考虑利益攸关者表达的意见。③

103

① 欧洲人工智能项目（AI4EU）是 2019 年 1 月启动的一个项目。它通过汇集算法、工具、数据集和服务来帮助各种组织（特别是中小型企业）实施人工智能解决方案。它配备了平台来提供人工智能信息的“一站式”服务。参见 https://www.ai4eu.eu/ai4eu-platform，获取于 2020 年 7 月 22 日。

② 参见 https://ec.europa.eu/futurium/en/ethics-guidelines-trustworthy-ai/register-piloting-process-0，获取于 2020 年 7 月 22 日。

③ Commission, COM (2019) 168 final (n 6) 7-8.

除了为制定人工智能伦理方法而使用的参与机制外，欧盟委员会正在就《人工智能白皮书》征求利益攸关者（即人工智能开发者和部署者、公司和商业组织、中小企业、公共当局、民间社会组织、学术界和公民）的建议。从2020年2月20日至2020年6月14日，有关各方均有机会填写问卷。欧盟委员会在提交关于人工智能条例的适当立法建议之前，将考虑收到的反馈意见。

参与式民主和人工智能之间的关系的第二个方面与人工智能作为允许公民以更有效、更分散的形式参与政治的工具来使用有关。上述许多形式的公民参与如今可以通过数字解决方案来完成，例如，公开咨询、参与式预算或欧盟公民倡议都由在线工具（网站、平台、移动应用程序）来管理。参加这些活动的公民可以投票、支持某种想法、审议、追踪政府活动。许多被边缘化的群体可能会加入到民主进程中，因为他们的政治代表会听到他们的声音。另一方面，政府正在使用数字科技来提供对其活动的访问，通过建立“开放政府”和“开放数据”来为公民服务，获得他们的信任并加强他们的参与度[①]，这些都是民主进程中使用的由算法驱动的新技术的优点。这些技术的缺点可能涉及与公民数据收集和处理有关的问题：在选举和社会运动期间，这些数据可能被用来刺激和操纵公民，建立起增强公民合法性的虚幻愿景，而这些愿景都是建立在错误的前提之上的。[②]因此，对于在民主（无论是代议制还是参与制）进程中使用的人工智能，要想打造其可靠性和可信赖性，必须要确保其高度符合欧洲的伦理和法律价值观。

5.4 实现可信赖性——审查的焦点问题

实现可信赖性是一个复杂、持久的过程，涉及法律、伦理、社会、经

① 参见 Beever, McDaniel, Stamlick (n 13) 174.

② 参见 Paulo Savaget, Tulio Chiarini, Steve Evans, ‘Empowering Political Participation Through Artificial Intelligence’ (2018) Science and Public Policy, 2.

济和技术等各种因素。尽管有现有的法律要求，但在政策制定和以后执行已通过的规则时，应该特别注意人工智能技术的一些特别关键的应用。尽管人工智能问题最大的用途在形式上符合现有的法律框架，但仍然可能会引起伦理方面的关切。随着技术的快速发展和对特定伦理规则的进一步理解，这种情况有可能发生。 104

第一个主要问题涉及人工智能系统对个人的监管。人工智能允许私人和公共实体对个人进行有效追踪，这种人工智能应用最著名的例子是人脸识别系统和其他使用生物特征识别数据的应用。这种控制技术可以为公共利益服务，其理想结果可能有利于刑法和执法领域，如诈骗侦查或恐怖主义融资侦查，这只是理想结果完全符合伦理原则的两个例子。[①]另外，在新冠疫情大流行期间，人们可能会看到利用此类系统保护公共健康的积极一面。然而，在后一种情况下，有可能并不符合伦理准则，因为新冠疫情的追踪应用可能会破坏人类尊严和隐私原则，并导致追求个人自由与满足社会需求之间的伦理困境。正如有人所指出的那样，自动识别可能会引起法律与伦理关注。因此，监管方法应该特别注意并加强在人工智能中适度使用所讨论过的技术，以捍卫欧洲公民的自主权，防止侵犯隐私的行为并打击歧视。对面部识别系统的监管力度应取决于特定应用的类型。与智能手机用于识别用户的面部识别或生物特征识别系统相比，公共监控的面部识别系统可能对个人权利的侵犯要严重得多，因此会产生更多伦理问题。与面部识别系统有关的另一个重要问题是输入算法的数据质量。如上所述，一旦训练数据存在缺陷，人工智能系统就很有可能产生偏差和歧视性输出，所有这些问题都应反映在法律中。[②]在欧洲层面，《通用数据保护条例》对面部识别的使用，以及对特定人工智能系统运作所需数据的使用设定了一些限制。这里的实际问题与数据使用的知情同意权有关——人们在授予同意时，应该有机会核实数据的使用情况并思考允许使用特定数据

① 更多关于明明有技术能力但作出的行动却很少的原因，见 Pasquale (n 45) 195。

② HLEG AI 'Ethics Guidelines for Trustworthy AI' (n 134) 33-34.

的决定的可能后果，而不是机械地无意识地自动授予。

在未来的欧盟法规方面，我们可能会看到欧盟对面部识别的政策方针有一个有趣的转变。2020 年 1 月，欧盟委员会的《人工智能白皮书》草案被泄露出来。[①]根据披露的文件，欧盟正在考虑在未来的监管框架中纳入对面部识别的临时（持续 3—5 年之久）禁令。其想法是利用这段时间来制定一个健全的方法，对讨论的技术进行影响评估和可能的风险管理。《人工智能白皮书》的最终版本中并没有这种限制。由于担心明确的禁令会阻碍创新，并对国家安全产生不利影响，因此该委员会删除了草案中提出的该禁令。[②]当前，欧盟委员会关于面部识别技术的立场是强调这种技术可能会对基本权利产生风险。但是欧盟委员会并没有直接禁止该技术的使用，只是回顾了现有的立法基础（如《通用数据保护条例》、执法指令[③]和《欧洲联盟基本权利宪章》）。根据这些基础，人们只能在拥有正当理由时根据比例原则在措施充分的保障下将人工智能用于远程生物计量识别。[④]

第二个伦理和监管问题涉及的是无法确定真实性质的隐蔽人工智能系统。法律与伦理的要求类似于广告法的主要规则，禁止隐蔽（隐藏的、潜意识的）广告的出现。面对广告时，消费者应该意识到他是广告内容的接收者，同样地，在人工智能中，人们应始终知道他们正在与机器进行互动。在广告案例中，人们意识到这种交流可能会使用夸张的表达来影响人们的情感和购买决定。一旦一个人知道他面对的是广告，而不是客观信息，他就会产生更大的距离感，并对某些理所当然的说法更加警惕。就人工智能而言，应保证人工智能系统的可见性掌握在人工智能从业者手中，

① 参见 https://www.euractiv.com/section/digital/news/leak-commission-considers-facial-recognition-ban-in-ai-white-paper 获取于 2020 年 7 月 22 日。

② 参见 https://www.ft.com/content/ff798944-4cc6-11ea-95a0-43d18ec715f5，获取于 2020 年 7 月 22 日。

③ Directive (EU) 2016/680 of the European Parliament and of the Council of 27 April 2016 on the protection of natural persons with regard to the processing of personal data by competent authorities for the purposes of the prevention, investigation, detection or prosecution of criminal offences or the execution of criminal penalties, and on the free movement of such data (2016) OJ L 119/89.

④ European Commission, COM (2020) 65 final (n 168) 21-22. 也请参看，the European Parliament, 2020/2012 (INL) (n 35) 6-7, 28.

他们应确保人们意识到（或能够要求和验证）他们与人工智能系统互动的事实，这样做的方法之一是引入明确和透明的免责声明系统。[①]然而，值得注意的是，有些情况是不需要进行明确区分的，比如人类声音的使用和对其进行人工智能过滤。人类和机器之间的混淆可能会造成依赖、影响、脆弱性或降低人类价值等问题。[②] 106

另一个焦点问题涉及人工智能驱动的公民评分制度。社会评分的存在本身并不是什么新鲜事，也不是人工智能所特有的。这种解决方案已经存在于各个领域，如金融和保险业、学校招生或驾驶执照监控系统。然而，总有人担忧在人工智能驱动的评分系统中，越是削弱个人自由和自主权，这个系统就越有效。同样，在使用某些评分系统为公共目标（例如道路安全）服务时，这些评分系统应该满足相称性、公平性的条件，并且应该让公民了解并接受他们正在被评分这一事实。然而，正如《可信赖的人工智能伦理指南》中所提到的，任何由公共或私人实体来评估公民的道德和道德操守的规范性公民评分都会给个人自由、隐私和自主权带来威胁。[③]虽然应避免规范性评分，但也应该以确保透明度的方式来管理如今使用算法决策的纯描述性、针对具体领域的评分。所谓的透明度不仅体现在评分的事实本身，还体现在所使用的方法和确定的评分目的上。这种评分系统的可解释性至关重要，应允许受其影响的个人采取适当的行动来保护其自主权和权利。因此，应提供质疑和纠正机制，并且在可能的情况下允许选择退出。

欧洲的公民评分方法与中国的社会评分制度截然相反。中国的社会评分制度具有规范性，允许根据公民的整体行为进行监督和排名，以达到“弘扬诚信精神，打击失信行为”的目的。[④]

---

① HLEGoAI ‘Ethics Guidelines for Trustworthy AI’ (n 134) 33-34.

② 同上。

③ 同上。

④ 参见《国务院关于印发社会信用体系建设规划纲要（2014—2020 年）的通知》，https://chinacopyrightandmedia.wordpress.com/2014/06/14/planning-outline-for-the-construction-of-a-social-credit-system-2014-2020/，获取于 2020 年 7 月 22 日。

另一个特别重要的问题涉及人工智能应用中最关键的伦理困境，它与公民在其生活的各个领域（政治、商业、社会、私人）获得可靠信息和做出知情选择有关。由于如今公民主要通过在线资源（诸如社会媒体、电子报刊、通信装置、使用算法技术的数字平台）来获取信息，因此，信息传播的公平、可靠和真实对于政治和社会经济体系的稳定性至关重要。欧盟委员会与主要数字平台和实体一起参与了旨在打击虚假信息和假新闻的自我监管倡议。2018 年 10 月，脸书、谷歌、推特、Mozilla 和广告业签署了《反虚假信息行为准则》。后来，微软和 TikTok 分别于 2019 年 5 月和 2020 年 6 月加入成为签署方。签署该准则的要素之一是签署方承诺对“可以帮助人们做出明智的决定，核实虚假内容，优先考虑真实和权威的信息，用工具赋予公民获得不同观点”的产品和技术进行投资。[①]所列要素可由算法解决方案提供动力。为了部署这些系统，签署方应充分考虑并遵守欧盟层面的立法措施和伦理标准。他们应该与民间团体和政府合作，以满足可信赖人工智能的要求。我们应利用该准则保护民主进程，优先考虑消费者权利，保障欧洲价值观。然而，新冠疫情危机带来了一些关于所采取的方法的有效性的批评意见。2020 年 6 月，几个欧盟成员国（爱沙尼亚、立陶宛、拉脱维亚、斯洛伐克）编写了一份立场文件，他们认为该准则不足以应对新冠疫情，不适合作为解决社交媒体上错误信息的措施。[②]这些国家选择采用欧盟拟采用的法规，因为作为软法律的自愿性自律准则并没有处罚效力，很难向可能违反该准则规定的平台追究责任。

107

① 《反虚假信息行为准则》文本见 https://ec.europa.eu/digital-single-market/en/news/code-practice-disinformation，获取于 2020 年 7 月 22 日。

② 参见 https://www.euractiv.com/section/digital/news/eu-code-of-practice-on-disinformation-insufficient-and-unsuitable-member-states-say/，获取于 2020 年 7 月 22 日。

6

横向监管方法

108

6.1 初 步 说 明

本章的目标是确定哪些领域是监管的重中之重，这些领域均是横向比较而言的，并具有普遍性，欧盟的所有行业、公共和私营实体以及在人工智能领域运营的实体都应认真考量这些领域。在这些领域上所做的选择反映了欧盟立法机构所处理的最为复杂的问题。每个所讨论的主题都包含了大量的伦理问题，这些问题在前几章中已在一定程度上被认为是可信赖人工智能的必要条件，如非歧视和偏见、隐私和数据保护。本章将在现有和新出现的立法框架下，重点讨论符合伦理的人工智能的合法性问题。首先，本章将分析保护可能受到人工智能技术威胁的重要权利和原则的相关措施；本章将对责任制度进行全面分析。

6.2 是什么遭受了威胁?

6.2.1 非歧视和平等

在上一章中，我们在建立可信赖人工智能的一般要求的背景下讨论了算法偏见的问题。在本章，我们将指出人工智能领域中可能产生歧视风险的特定领域以及可用于打击歧视行为的现有欧洲法律框架。在公共领域，最有问题的可能是警察和司法系统正在使用的用于自动预测犯罪者、犯罪时间、犯罪地点的算法。[①]一旦算法建立在有偏见的历史数据上，这种预测系统可能会重现和固化现有的基于种族的歧视。在私营领域，歧视的例子更是数不胜数，例如，如果采用了优先考虑男性候选人的错误训练算法，那么就业和人才选拔程序中就可能存在歧视；在线广告中，如果以用户的性别为算法基础，搜索引擎显示的内容可能会在用户声明自己是男性时提供更有吸引力的工作机会。[②]据透露，脸书允许广告商根据用户的兴趣和背景（年龄、性别等）来锁定用户，也允许广告商排除特定群体（通常基于种族）。[③]此外，在使用谷歌翻译将文本从不分性别的语言（如匈牙利语或土耳其语）翻译成英语时，基本上会默认使用男性译法——这也是性别偏见方面的典型例子。[④]

109

在打击算法歧视的立法措施方面，欧盟已经建立起了一个强大的平等和非歧视的立法框架。《欧洲联盟基本权利宪章》规定了关于非歧视性的一般法律基础（《欧洲联盟基本权利宪章》第 21 条）。非歧视是欧盟法律的一般原则。《欧洲联盟运作方式条约》中明确规定，禁止因为国籍而受到歧视（《欧洲联盟运作方式条约》第 18 条），这直接提供了有效的非歧视保护。其他由于性别、种族、民族血统、残疾、宗教或信仰、年龄和性取向等而对他人进行歧视的行为将受到二级法律的协调措施的约束。目前，最重要的非歧视指令是关于男女平等待遇的第 2006/54/EC 号指令[⑤]；关于不分种族或民族出身而给予平等待遇的第 2000/43/EC 号指令[⑥]；关于

---

① Brownsword (n 185) 212.

② Borgesius (n 241) 14-15.

③ 参见 Julia Angwin, Terry Parris Jr, 'Facebook Lets Advertisers Exclude Users by Race' (2016) ProPublica https://www.propublica.org/article/facebook-lets-advertisers-exclude-users-by-race，获取于 2020 年 7 月 22 日。

④ Borgesius (note 241) 17.

⑤ Directive 2006/54/EC of the European Parliament and of the Council of 5 July 2006 on the implementation of the principle of equal opportunities and equal treatment of men and women in matters of employment and occupation (recast) (2006) OJ L 294/23.

⑥ Council Directive 2000/43/EC of 29 June 2000 implementing the principle of equal treatment between persons irrespective of racial or ethnic origin (2000) OJ L 180/22.

就业平等的第 2000/78/EC 号指令①；关于在获取和提供商品与服务时实行男女平等的第 2004/113/EC 号指令②。这套协调措施主要适用于劳动力市场中的歧视行为，其保护范围也最广。在消费市场（包括消费者和服务提供者）方面，上述措施主要是防止性别和种族或民族血统方面的歧视，因此保护范围比较有限。③

欧盟的非歧视指令区分并禁止两种主要形式的歧视，即直接歧视和间接歧视。直接歧视是指“一个人由于属于受保护的阶层，在类似情况下获得的待遇比另一个人获得的待遇差，无论是现在、过去还是将来”④。非歧视性措施必须直接提到受保护的阶层，或者必须以其为推动力。正如哈克所指出的，这种类型的歧视在算法歧视中比较少见，因为只有将决策者的明确或隐含的偏见输入模型中时才会发生这种类型的歧视。由错误的抽样或历史性偏见造成的意外歧视，则不属于直接歧视的范围。⑤

110

第二种形式是间接歧视，即表面上中立的规定、标准或做法会使因某一理由（如性别、种族、年龄）而处于受保护阶层的人与其他人相比处于特别不利的地位，除非该规定、标准或做法在客观上有正当的目的，而且实现该目的的手段也是适当和必要的。⑥在间接歧视中，表面上人人都能享受平等待遇；然而，事实上受保护群体却处于非常不利的地位。在实践中这可以通过统计数字来证明，即无论在给予特殊待遇时有什么理由，其结果都使某些受保护群体处于不利地位。⑦间接歧视是算法歧视的最典型

① Council Directive 2000/78/EC of 27 November 2000 establishing a general framework for equal treatment in employment and occupation (2000) OJ L 303/16.

② Council Directive 2004/113/EC of 13 December 2004 implementing the principle of equal treatment between men and women in the access to and supply of goods and services (2004) OJ L 373/37.

③ Xenidis, Senden (n 332) 160.

④ 参见 art. 2.2 (a) of directive 2000/43/EC, art. 2.1 (a) of directive 2006/54/EC, art. 2.2 (a) of directive 2000/78/EC, art. 2 (a) of directive 2004/113/EC.

⑤ Hacker (n 334) 1151-1152.

⑥ 参见 art. 2.2 (b) of directive 2000/43/EC, art. 2.1 (b) of directive 2006/54/EC, art. 2.2 (b) of directive 2000/78/EC, art. 2 (b) of directive 2004/113/EC.

⑦ Hacker (n 334) 1153; Mireille Hildebrandt, *Smart Technologies and the End (s) of Law* (Edward Elgar 2015) 96.

形式。从表面上看，做出某个特定决定时所采用的算法标准是中立的，但实际上基于该算法得出的结果可能是歧视性的。

根据欧盟法律，这样的带有歧视性的结果的正确性不但仍然可以通过忽视合法利益来证明，而且它们还是充分尊重相称原则下的产物。这意味着歧视性措施将会适当地追求一个合法的目标，但依照的是令人存疑的标准，而且在最严格的意义上这些歧视性措施还是必要的——这意味着已经不存在任何更不具歧视性的手段来实现相同的目标。

人工智能在执行非歧视性规则中面临的最大问题是如何界定这种算法歧视。正如上文所讨论的，人工智能系统的透明度在很多时候是无法保证的，并对以符合伦理方式运作特定系统的行动造成最严重的威胁。①因此，眼下最重要的挑战是，首先要找到对人工智能开发者施加明确义务的方式，检查人工智能决策过程中是否存在偏见。其次，建立适当的审计机制，允许公共执法实体或监管机构确定造成不公平偏见和歧视的非法人工智能结果。②正如希尔德布兰特（M. Hildebrandt）所指出的，已经有一些“歧视意识数据挖掘”技术，可以加强人们对主要伦理和法律要求的遵守。希尔德布兰特认为，这种技术的应用并不能提供有效的保护。③然而在一段时间内，一旦这种技术得到进一步发展，我们就可使用它们来制作消除其他危险的技术解决方案。

111

6.2.2 消费者保护

在人工智能驱动的世界里，消费者需要得到特别关注。虽然算法技术可能会有助于加快消费者的决策，提高远超人类能力的分析的复杂性，减少信息和交易成本或避免消费者的偏见，但也会产生新的伤害和风险。④举例来说，在算法环境中，消费者的自主性将会降低，对某些脆弱性（如

① Hildebrandt (n 467) 96-97, 192-193.

② HLEG AI, ‘Policy and Investment Recommendations for Trustworthy AI’ (n 5) 39, 41.

③ Hildebrandt (n 467) 193.

④ Michal S. Gal, Niva Elkin-Koren, ‘Algorithmic Consumers’ (2017) 30 Harvard Journal of Law and Technology 318-322.

有偏见的决策结果、对隐私的侵犯）的抵御能力会下降，更容易被欺骗、剥削、操纵……这些都应该通过法律来解决。[①]

消费者保护是欧盟法律的一个方面，主要植根于内部市场的逻辑，在市场上表现为赋予消费者安全、平等、知情选择权、教育等权利，以及设立保护消费者权益的协会等方面。[②]自 1980 年欧洲经济共同体被赋予这一领域的权限以来，欧盟现有的消费者保护立法框架一直在完善。现有法规比较繁复，而且在许多方面都是针对具体领域的（例如，旅游、航空运输、银行或金融机构的消费者保护）。然而，也有一些更具普遍性和横向性的措施，这些措施应适用于所有用于 B2C 交易（不管其具有何种特殊性）的人工智能赋能系统。举几个例子，这些措施有：关于不公平的商业行为的第 2005/29/EC 号指令（UCPD）[③]、关于消费者权利的第 2011/83/EU 号指令[④]、关于电子商务的第 2000/31/CE 号指令[⑤]、关于价格参考的第 98/6/EC 号指令[⑥]或关于更好地执行消费者保护的第 2019/216/EU 号指令[⑦]。除了通过所列的指令模拟国家法律外，欧盟还统一了与新技术交叉的消费者保护规则。其中，值得一提的是关于地理封锁的第（EU）2018/302 号条例[⑧]和 112

① Michal S. Gal, Niva Elkin-Koren, 'Algorithmic Consumers' (2017) 30 Harvard Journal of Law and Technology 322-325.

② 参见 art. 169 TFEU.

③ Directive 2005/29/EC of the European Parliament and of the Council of 11 May 2005 concerning unfair business-to-consumer commercial practices in the internal market (2005) OJ L 149/22.

④ Directive 2011/83/EU of the European Parliament and of the Council of 25 October 2011 on consumer rights (2011) OJ L 304/64.

⑤ Directive 2000/31/EC of the European Parliament and of the Council of 8 June 2000 on certain legal aspects of information society services, in particular electronic commerce in the Internal Market (2000) OJ L 178/1.

⑥ Directive 98/6/EC of the European Parliament and of the Council of 16 February 1998 on consumer protection in the indication of the prices of products offered to consumers (1998) OJ L 80/27.

⑦ Directive (EU) 2019/2161 of the European Parliament and of the Council of 27 November 2019 amending Council Directive 93/13/EEC and Directives 98/6/EC, 2005/29/EC and 2011/83/EU of the European Parliament and of the Council as regards the better enforcement and modernisation of Union consumer protection rules (2019) OJ L328/7.

⑧ Regulation (EU) 2018/302 on geo-blocking of the European Parliament and of the Council of 28 February 2018 on addressing unjustified geo-blocking and other forms of discrimination based on customers' nationality, place of residence or place of establishment within the internal market (2018) OJ L60/ 1.

最近通过的关于促进在线调解服务的企业用户的公平和透明度的第（EU）2019/1150 号条例。[①]

我们的目的不是要详细分析这些法律行为，而是要从基于人工智能的服务或产品的消费者-用户的角度出发，找出相关问题，并将其置于现有法律框架中，从而为算法系统的合法和合乎伦理的使用提供一些指导。欧盟人工智能消费者应同样获得欧盟消费者法的一些一般原则的保护，即保护弱势方、受监管的自主权、非歧视（平等待遇）和隐私权。[②]非歧视原则已在上文讨论，隐私和数据保护问题将在下一小节进行分析。在这里，我们想更多地关注“保护弱势方”和“受监管的自主权”这两项原则。多年来，欧盟法律中的弱势方保护原则一直被用来推动内部市场的进一步发展，同时也给消费者作为弱势方的地位造成了一些限制。最突出的例子是普通消费者的概念，这个概念首先由欧洲法院[③]解释，后来被编入《不公平商业行为指令》。欧盟的普通消费者是指“在考虑到社会、文化和语言因素的情况下，具有相当的信息量、一定的观察力和谨慎的态度”的消费者。[④]这种规范性概念实际降低了对误导行为的保护水平。由于普通消费者被认为理应具有良好的意识和信息，因此他在处理针对他的商业通信时自然会有所保留。然而，最近消费者脆弱性的概念在消费者政策中变得更加明显。欧盟委员会在 2016 年公布了关于消费者脆弱性的研究结果。[⑤]该研究界定了消费者脆弱性的主要驱动因素，这些因素与消费者的个人特征（年龄、性别、教育水平、国籍）以及他们的行为、获得相关信息的障碍（数字文盲）、市场相关问题或导致脆弱性的某些情况（如财务状况）有关。[⑥]

113

① Regulation (EU) 2019/1150 of the European Parliament and of the Council of 20 June 2019 on promoting fairness and transparency for business users of online intermediation services (2019) OJ L 186/57.

② Jabłonowska et al. (n 24) 8.

③ 对于普通消费者的概念，请参见 Case C-210/96 Gut Springenheide, ECLI: EU: C: 1998: 369 and C-470/93 Mars GmbH, ECLI: EU: C: 1995: 224.

④ 参见 recital 18 of directive 2005/29/CE.

⑤ Consumer vulnerability across key markets in the EU. Final report (2016) https://ec.europa.eu/info/sites/info/files/consumers-approved-report_en.pdf，获取于 2020 年 7 月 22 日。

⑥ 同上。

认识到消费者的弱势地位可能会细化消费者保护举措，并使消费者作为弱势一方的概念得以回归。[①]然而，这一概念在多大程度上可以有效地适用于人工智能消费者？这个问题仍然值得商榷。[②]然而，人们可能会通过以下事实注意到消费者的弱势，即人工智能系统打破了信息所有权的平衡，使人工智能的设计者、部署者和所有者相对于消费者更具有优势，而消费者可能没有意识到他们受到了算法的影响或诱导，也可能无法做出知情的选择。[③]

受监管的自主权原则超出了消费者法的范畴，它指的是我们在前几章中讨论过的最基本的伦理概念。萨克斯（M. Sax）等人对自主权的概念进行了全面的伦理分析，为法律对该概念的理解提供了参考。[④]自主的消费者是独立考虑所有信息和选择的人，可以自主决定自己的选择。在人工智能赋能的产品中，消费者应该像在任何类型的交易中一样，获得关于所购产品的使用、特点和属性的明确信息。[⑤]另外，当人工智能系统自己生产广告时，消费者应有权知道他正在观看的内容是算法基于消费者提供的数据制作的。这种为营销目的提供的数据应以消费者明确表示的同意为条件（即通过允许 Cookies 或通过基于《通用数据保护条例》的营销条款表示同意）。之所以要特别指出这个问题，是因为现如今许多消费者在给予同意时都并没有真正意识到其决定会造成何种结果。很多时候，消费者只能选择同意，因为他们不想失去互联网的网页功能（因为拒绝使用 Cookies 可能会失去某些功能），或者只是因为他们没有能力阅读所有冗长的免责声明和看起来很费劲的灰体字条款。

形成自主权的另一个特点是真实性，即消费者作出的决定是真正的个人决定，而未受商家过度劝说的影响。任何形式的商业行为都包含某种程 114

① Jabłonowska et al. (n 24) 11.

② 同上。

③ 更多关于人类的脆弱性以及他们毫无防备的暴露与新技术的能力之间的关系的信息，参见 Brownsword (n 185) 79.

④ Marijn Sax, Natali Helberger, Nadine Bol, 'Health as Means Towards Profitable Ends: mHealth Apps, User Autonomy, and Unfair Commercial Practices' (2018) 41 Journal of Consumer Policy 105.

⑤ Brownsword (n 185) 273.

度的说服力，但重要的是，它不会损害消费者的行为自由。另外，提供给消费者的选择也是其自主权的一个要素。[①]在市场经济中，选择的多样性是它所固有的东西。消费者的自主权可能会受到人工智能技术的威胁。这些技术可能以具有隐蔽性、欺骗性、误导性的不同形式的广告或其他商业沟通技巧来影响消费者的决定。目前，《不公平商业行为指令》是应对这些挑战的主要法律，它为保证 B2C 交易的公平性提供了一个总体框架，禁止不公平的商业行为，主要包括误导性和侵犯性行为。《不公平商业行为指令》的问题在于其执行效率，而其效率取决于欧盟成员国所采用的和现有的消费者保护机制。

6.2.3 数据保护

"数据是人工智能的生命线。"[②]这句话准确描述了数据在人工智能行业中的重要性。所有的算法技术（特别是机器学习）均由数据驱动，需要运行良好的数据生态系统，并辅以一个健全的监管框架作为支持，以提高信任和数据可用性，同时保障隐私权。通过《通用数据保护条例》[③]，欧盟不仅在欧洲，还在全球发挥了重要作用，形成了对数据隐私这一基本人权的理想做法。[④]它建立了一个新的普遍标准，重点强调个人权利、欧洲价值观和信任。

于 2018 年 5 月 25 日生效的《通用数据保护条例》包含了关于个人数据收集、处理、隐私影响评估、数据使用同意的详细规定，并支持数据访问的关键权利、反对权、知情权和被遗忘权。[⑤]《通用数据保护条例》中

---

① Sax et al. (n 489) 108-109.

② Max Craglia et al. (ed.), 'Artificial Intelligence: A European Perspective' (Publications Office of the EU Luxembourg 2018) 103.

③ 参见 (n 125).

④ Schwartz (n 313) 773.

⑤ 更多关于在人工智能背景下被遗忘的权利的信息，请参见 Eduard Fosch Villaronga, Peter Kieseberg, Tiffany Li, 'Humans Forget, Machines Remember: Artificial Intelligence and the Right to be Forgotten' (2017) Computer Security and Law Review (forthcoming) https://ssrn.com/abstract=3018186，获取于 2020 年 7 月 22 日。

的规则是通过针对控制者或处理者的有效司法补救权利来执行的。此外，监督机构（每个欧盟成员国都应建立一个）的决定也要接受司法补救。为了确保有效遵守《通用数据保护条例》，相应的罚款制度已经确立，而且根据罚款制度产生的企业罚款可能达到全球年总营业额的4%。 115

《通用数据保护条例》围绕6个主要原则制定，这些原则已经在第5.1（a-f）条中列明。个人数据的处理应该合法、公平和透明。[①]所有被收集的个人数据应该用于具体、明确和合法的目的。个人数据应遵循“数据最简化”原则，这意味着收集的个人数据的数量应该是为了满足数据处理目的所要求的量，收集的个人数据应该与数据处理目的相关而且仅为数据处理目的所必需的。个人数据应是准确的最新数据。个人数据的保存时间应有明确的规定，原则上不得超过必要的时间。但是，为实现公共、科学、历史研究或统计目的的数据储存是一个例外情况。最后，个人数据的处理应充分尊重完整性和保密性原则，允许采取适当的安全措施，防止未经授权或非法的处理。这一原则需要通过相关的技术和组织措施加以实施。[②]

《通用数据保护条例》对算法系统的影响具有普遍性，因为人工智能和机器学习尤其需要大量的训练数据集，其中个人数据占重要部分。[③]人工智能行业应该遵循上述所有原则。然而，其中一些要求满足起来可能特别困难。首先，正如我们在之前的章节和段落中所述，公平和非歧视原则可能会因为人工智能系统使用了有偏见的数据而受到挑战。应强调的是，人工智能的开发应是一项多学科工作。人工智能设计者需要与由各学科（法律、伦理学、心理学）的专家代表组成的委员会密切合作，以减轻人工智能技术的负面影响。这种方法将有助于对数据质量进行参与式风险评

① Chrispher Kuner et al., ‘Machine Learning with Personal Data: Is Data Protection Law Smart Enough to Meet the Challenge’ (2017) 7 International Data Privacy Law 1-2.

② Paul Voigt, Axel von dem Bussche, The EU General Data Protection Regulation (GDPR). A Practical Guide (2017 Springer) 87-92.

③ Pasquale (n 45) 34.

估[①]。另一个挑战可能与数据目的限制有关。人工智能系统很多时候使用的信息并不是为了主要目的而收集的。在这种情况下，为了遵守《通用数据保护条例》规则，数据收集者应该得到数据主体的额外知情同意权。这一原则与数据最小化规则有关，在人工智能中，开发人员应遵循这一原则，并不断审查所需的训练数据的类型和数量。[②]最后，遵守《通用数据保护条例》的最大问题与透明度和知情权有关。透明度包括前瞻性和追溯性要素。前者应被理解为赋予个人对正在进行的数据处理的事前知情权——数据控制者应以简明、易于获取和易于理解的方式告知数据主体关于控制者本身、数据处理方式、数据处理目的和原因以及数据处理时间框架的信息。[③]追溯性（事后）透明度指的是决策是如何做出的。在人工智能伦理领域，这一原则可以从可解释性要求的角度来理解。正如费尔兹曼（H. Felzman）等人所指出的，法律学者对于《通用数据保护条例》中是否存在对自动决策进行解释的权利存在争议。[④]问题在于，结合《通用数据保护条例》第 22 条，人们是否可以根据《通用数据保护条例》第 13（2）（f）条和第 15（1）（h）条的规定得出存在解释权的结论。《通用数据保护条例》第 22 条明确规定了完全自动化的个人决策（包括用户画像）。《通用数据保护条例》第 22 条规定，如果此类决策对个人产生法律效力或

116

① Consultative Committee of the Convention for the Protection of Individuals with Regard to Automatic Processing of Personal Data (Convention 108). Guidelines on Artificial Intelligence and Data Protection, T-PD (2019) 01 (Council of Europe 2019). 另参见 Alessandro Mantelero, ‘Consultative Committee of the Convention for the Protection of Individuals with Regard to Automatic Processing of Personal Data (Convention 108). Report on AI. AI and Data Protection: Challenges and Possible Remedies (Council of Europe 2019) 9.

② 参见‘How to Train an AI with GDPR Limitations’, 13 September 2019 https://www.intellias.com/how-to-train-an-ai-with-gdpr-limitations/，获取于 2020 年 7 月 22 日。

③ Heike Felzman et al., ‘Transparency You Can Trust: Transparency Requirements for Artificial Intelligence Between Legal Norms and Contextual Concerns’ (2019) Big Data & Society 3.

④ 同上。另请参见 Sandra Wachter, Brent Mittelstadt, Luciano Floridi, ‘Why a Right to Explanation of Automated Decision-Making Does Not Exist in the General Data Protection Regulation’ (2017) International Data Privacy Law https://ssrn.com/abstract=2903469，获取于 2020 年 7 月 22 日；Bryce Goodman, Seth Flaxman, ‘European Union Regulations on Algorithmic Decision-Making and a “Right to Explanation’ (2016) arXiv: 1606.08813，获取于 2020 年 7 月 22 日。

重大影响，则该个人有权不接受此类决策。上述条款规定，一旦存在自动决策（包括用户画像），数据控制者应在获得个人数据时向数据主体提供“关于所涉及的逻辑以及这种处理对数据主体的意义和预期后果的有意义的信息”。数据主体应有权查阅其个人数据。正如瓦赫特（S. Wachter）等人所指出的，《通用数据保护条例》是否规定了适当的解释权还存在一些疑问。理论上，解释权可能涉及系统功能或具体决定，也可能涉及（关于系统功能的）事前解释或（关于系统功能和具体决定的）事后解释。在《通用数据保护条例》第 13（2）（f）、15（1）（h）和 22 条规定的措辞中，没有直接提到获得解释的权利。虽然《通用数据保护条例》的第 71 条提到了这一点，但即使其目的是为法律行为的核心条款提供解释性指导，其本身也不具有约束力。[①]抛开理论上的争论不谈，我们可以反思一下关于“有意义”信息范围的主要问题。“有意义”是一个模糊的概念，其本质相当主观，应从要求获得信息的个人的角度来评估。总而言之，应尽可能让数据主体确定导致或改变特定决定的主要因素。[②]

117

《通用数据保护条例》的第 22 条为完全通过自动处理（包括剖析研究）作出的决定提供了数据保护的一般保障。剖析研究是指“任何形式的个人数据自动处理，包括使用个人数据来评估与自然人有关的某些方面”[《通用数据保护条例》第 4（4）条]。除了剖析研究，这种决策可能涵盖几种决策类型——推荐系统、显示搜索引擎结果、自动信贷决策、保险风险评估、行为广告或行政或司法决策，只有在涉及处理个人数据的情况下，自动决策才属于《通用数据保护条例》第 22 条的范围。[③]这条规定所提供的保护包括反对成为这种决定的对象的权利，旨在加强人类对算法决定的自主权，然而，它也规定了这个一般规则的例外情况。首先，这项

① Wachter et al. (n 502) 8-11.

② Felzman et al. (n 501) 3.

③ Maja Brkan, ‘Do Algorithms Rule the World? Algorithmic Decision-Making and Data Protection in the Framework of the GDPR and Beyond’ (2019) 27 International Journal of Law and Information Technology 97. 请参见 Goodman, Flaxman (n 502) 1.

权利不适用于数据主体和数据控制者之间的合同情况；其次，它也不适用于控制者所遵守的欧盟或欧盟成员国法律所授权的自动决定；最后，这项权利不包括基于数据主体明确知情同意权的自动决定。在有例外情况时，数据控制者应采取适当措施保护数据主体的权利，最低标准是保证数据主体有权获得控制者的人工干预，并有机会表达其意见和对决定表示质疑。这些例外情况的范围相当广泛，由此带来的威胁是它们实际上可以成为规则。特别是关于合同情况的例外，由于其潜在的广泛使用，可能会使人怀疑《通用数据保护条例》第22（1）条所表达的基本权利的有效性。①

除了关于个人数据保护的条例，还通过了关于非个人数据自由流动的新规则。第2018/1807号条例②于2019年的年中开始应用。非个人数据的例子包括“用于大数据分析的汇总和匿名数据，有助于监测和优化农药和水的使用的精准农业数据，或工业机器的维护需求数据”③。该条例的主要目标是帮助解锁数据，并促进主要在欧盟内处理非个人数据的企业的跨境运作。非个人数据条例规定了与数据本地化要求、向主管部门提供数据以及为专业用户移植数据有关的规则。欧盟成员国引入的数据本地化要求阻碍了跨境数据存储。现在，根据新的规则，这些数据本地化要求应该被禁止，除非执行这些要求的目的是确保公共安全和尊重相称原则，因此，欧盟成员国不得规定在国内进行数据本地化或处理的要求，这意味着可能会出现更高效和集中的数据存储系统。

118

从政策目标的角度来看，促进公共和私营部门之间的数据共享是非常有必要的，所以创建共同的欧洲数据空间④也很有必要。欧洲数据空间是一个统一的数字区域，其规模将使基于数据的、新的、高质量的产品和服务得到发展。

---

① Brkan (n 505) 120-121.

② 参见 (n 128).

③ Regulation 2018/1807, 9 recital.

④ Commission, ‘Towards a Common European Data Space’ (Communication) COM (2018) 232 final.

6.2.4 知识产权规则

知识产权法和人工智能在几个方面有着紧密的联系，就像现在的许多领域一样，人工智能技术可以成为促进知识产权管理的一个工具。在欧洲，特别是在欧盟，两个主要的知识产权机构——欧洲专利局和欧洲知识产权局——正在利用人工智能系统来为专利或商标和设计的搜索提供便利；此外，他们正在使用机器翻译系统来帮助其内部审查员开展日常工作。[①]除了人工智能与知识产权重叠的实用性方面，到目前为止，涉及通过知识产权保护人工智能的问题是最令人感兴趣同时也是最复杂的问题。这一领域的主流思考围绕两个要点进行：首先，使用专利和版权规则来保护（具身或非具身）人工智能系统；其次，与人工智能产生的资产（作品、专利）的知识产权有关的保护问题。[②]

欧盟的知识产权法有相当广泛的规定，而且其最强有力的立法框架涵盖了商标和外观设计的保护。这些知识产权法根据欧盟指令[③]的变体（即国家统一实施的规则）施行，或者通过在阿利坎特的欧洲知识产权局注册的欧盟商标和欧盟设计的一体化系统实施。[④] 119

与人工智能技术及其知识产权相关的四个主要领域包括版权法[⑤]、专

---

① 参见 WIPO, 'Index of AI Initiatives in IP Offices' https://www.wipo.int/about-ip/en/artificial_intelligence/search.jsp，获取于 2020 年 7 月 22 日。

② Celine Castets-Renard, 'The Intersection Between AI and IP: Conflict or Complementarity' (2020) 51 ICC-International Review of Intellectual Property and Competition Law 142-143.

③ Directive (EU) 2015/2436 of the European Parliament and of the Council of 16 December 2015 to approximate the laws of the Member States relating to trademarks (2015) OJ L336/1.

④ Regulation (EU) 2017/1001 of the European Parliament and of the Council of 14 June 2017 on the European Union trademark (2017) OJ L 154/1; Council Regulation (EC) No 6/2002 of 12 December 2001 on Community designs (2001) OJ L 3/1.

⑤ 在欧盟层面，信息社会的版权法主要通过以下指令进行协调：Directive 2001/29/EC of the European Parliament and of the Council of 22 May 2001 on the harmonisation of certain aspects of copyright and related rights in the information society (2001) OJ L 167/10; Directive (EU) 2019/790 of the European Parliament and of the Council of 17 April 2019 on copyright and related rights in the Digital Single Market and amending Directives 96/9/EC and 2001/29/EC (2019) OJ L130/92; Directive 2009/24/EC of the European Parliament and of the Council of 23 April 2009 on the legal protection of computer programs (2009), OJ L 111/16.

利法、数据库保护[1]以及属于不公平竞争法领域的商业秘密监管[2]。在深入研究欧盟的知识产权法体系及其对人工智能技术的可能适用性时，我们需要总结一下保护人工智能系统及其运行结果/产品的法律可能性的实际状况。

如我们所知，人工智能技术可能存在不同的形式；然而，它们有一个共同的特点——它们以算法为基础并需要数据集来进行训练。因此，当我们从专利法的角度处理这些技术时，我们应该将人工智能系统视为数学方法。这是一个存在于欧洲的专利法体系中的公认规则，目前还没有实现欧盟法律下的统一。根据《欧洲专利公约》[3]，数学方法的可专利性被明确排除［《欧洲专利公约》第52（3）条］。然而，在将一些训练有素的算法具身到一些物理结构（如计算单元电路或基于单元电路进行操作的简单设备）时，则可以授予专利权。[4]在这种情况下，可专利性的一般规则适用，包括发明的新颖性和突出特征的缺失，涉及工业应用的独创性及其敏感性。在评估独创性时，需要仔细审查所有有助于突出技术特征的特征。

120 就人工智能算法这样的数学方法而言，必须检查这种方法是否对发明的技术特征有所贡献。[5]基于人工智能发明的可专利性的实际问题与注册程序有关——在其注册程序中，需要对基础技术进行全面描述。在专利申请中，申请人应清晰完整地披露其发明。如果是人工智能创新技术，为了避免算法的不透明性以及决定的“黑箱”操作，申请人应该更详细地披露其

---

① Directive 96/9/EC of the European Parliament and of the Council of 11 March 1996 on the legal protection of databases (1996) OJ L77/20.

② Directive (EU) 2016/943 of the European Parliament and of the Council of 8 June 2016 on the protection of undisclosed know-how and business information (trade secrets) against their unlawful acquisition, use and disclosure (2016) OJ L 157/1.

③ 欧洲专利局根据《欧洲专利公约》提供了一个单一的专利授予程序，在此基础上授予一揽子国家专利，并因此构成了一个欧洲专利体系。参见 https://www.epo.org/law-practice/legal-texts/html/epc/2016/e/index.html，获取于 2020 年 7 月 10 日。

④ Cubert, Bone (n 86) 421.

⑤ 参见 EPO Guidelines for Examination, part G 3.3.1.

人工智能创新技术。[①]在人工智能中，由于某个发明或解决方案所涉及的推理很复杂，这样的说明可能存在问题。需从结构和功能方面对创新技术进行说明。例如，关于神经网络的说明应包括神经拓扑结构和设置权重的方式。[②]严格的披露要求可能会对众多公司产生不利影响，这些公司可能会使用保护商业秘密的策略来替代专利申请。第 2016/943 号指令统一了欧盟的商业秘密[③]保护规则。根据其规则，商业秘密的所有者有权获得保护并确保其商业秘密不被非法获取和使用，以及有权获得民事救济。商业秘密保护是综合性的，为了能够获得商业秘密保护，所有者应实施内部商业秘密政策并保存适当的文件，以便在发生法律纠纷致使商业秘密被非法获取和使用时证明其对相关商业秘密（可能与算法解决方案和系统有关的专有技术）的所有权。

保护人工智能系统的另一个法律选择是版权，原创的人工智能软件可以像计算机程序一样获得版权保护。然而，根据第 2009/24/EC 号指令第 1（2）条规定，只能对计算机程序不同形式的表达进行保护，但不能对作为计算机程序基础的思想和原则进行保护。就人工智能而言，这可能意味着算法的原始代码可以得到保护，但其背后的想法和概念则不受保护。

因为人工智能系统基于并依赖于用于训练算法的数据，所以人工智能系统可以基于数据库的特殊权利获得保护。经过处理和注释的数据集可能会成为一种特别有价值的资产，如果这种注释数据采取数据库的形式，即以系统或方法学的方式安排成独立的作品或数据集，并可以通过电子或其他方式单独访问[④]，那么其就可以获得特殊权利保护。条件是，制作这种

121

① Maria Iglesias, Sharon Shamuilia, Amanda Anderberg, ‘Intellectual Property and Artificial Intelligence. A Literature Review’, EUR 30017 EN (Publications Office of the EU Luxembourg 2019) 7.

② 同上，8。

③ 根据第 2016/943 号指令第 2（1）条，“商业秘密”是指符合所有下列要求的信息：（a）这种信息是秘密的，因为它是所涉及产品的主体，或者在其组成部分的精确配置和组装中，在通常处理有关信息的圈子里不为人所知或不容易获得；（b）这种信息具有商业价值，因为它是秘密的；（c）在这种情况下，合法控制该信息的人采取了合理的步骤来保持其秘密性。

④ 参见 art. 1 of a directive 96/9.

数据库需要在获取、核实或展示数据库内容方面进行大量投资。

目前吸引公众目光的另一个问题是对人工智能产生的作品和资产的保护。如今，人工智能系统有能力产生艺术作品和发明，要给这些资产授予知识产权，目前现有的立法框架的适用性是有问题的。最大的问题是，人工智能系统是否可以被视为某个作品的作者或某个发明的发明人。欧盟的版权制度和对待人工智能的方法都是以人为本的，这从侧面说明其反对将版权所有权授予人工智能系统。机器创造的作品缺乏最重要的原创性要素，因为它缺乏法律要求的人类属性。在可专利性方面，与此类似，根据欧洲专利局和美国专利商标局（USPTO）最近的决定，只有指定的人（而不是人工智能系统）才可以被列为发明人。①在最近公布的欧洲议会关于人工智能技术发展的知识产权报告草案中②，有人正在考虑如何保护人工智能产生的技术和艺术创作，目的是鼓励这些形式的创作。欧洲议会建议，人工智能产生的作品可以受到版权保护，但权利的所有权应分配给合法准备和出版作品的人。

6.2.5 网络安全

网络安全是当今时代的最大挑战之一。信息与通信技术为公民广泛使用的产品和服务带来了数字化和连接性。这些产品和服务中有许多使用了算法解决方案并与互联网相连。然而，由于所使用的设备的安全性和弹性水平没有得到充分保障，产生了巨大的网络安全缺口和风险。网络犯罪行业正在利用技术上的不足，给公民个人和整个社会以及政府机构带来严重威胁。在将人工智能因素纳入网络安全进行考量时，我们可以区分出人工智能对安全影响特别明显的三个主要领域。首先，人工智能通过使用预测算法帮助预防网络犯罪，有利于实现安全部门的目标。其次，人工智能系统可能会成为网络攻击的目标，应该反思如何保护它并使其免受攻击。最

---

① 参见 https://www.jdsupra.com/legalnews/can-ai-be-an-inventor-not-at-the-74975/，获取于 2020 年 7 月 22 日。

② European Parliament, 2020/2015 (INI).

后，人工智能可能是网络威胁的工具，并因此可能被滥用以达到恶意使用的目的。政策制定过程应解决所有这些方面的问题，以为网络安全和人工智能相关问题制定以用户为中心的、系统的和多元化的解决方法。① 122

欧盟法律正在通过《欧盟网络安全法案》的规定来解决网络安全问题。②该法案的首要目标是加强欧盟网络和信息安全局（ENISA）的地位，授予其永久权力并赋予其业务和监管权限。欧盟网络和信息安全局应该通过帮助欧盟成员国处理网络安全事件来加强欧盟层面的合作。欧盟网络和信息安全局尤其应该支持欧盟成员国开发有助于防御网络攻击的人工智能技术。从行业的角度来看，欧盟网络和信息安全局的工作的一个重要方面是与网络安全认证机制有关的工作。引入欧洲网络安全认证计划是为了加强数字化单一市场中的产品和服务的信任和安全。对于人工智能行业来说，获得这样的认证只是可靠性和可信赖性的另一种表达和证明，其本质是多维的，不仅包括伦理层面，还包括更多的实用层面。欧洲网络安全认证框架将提及三个保证级别——基本保证、重要保证和最高保证，适当的保证级别将响应与产品使用相关的风险水平。基本保证是指获得这种证书的产品符合所评估的安全要求，达到这种级别的产品可将已知的网络攻击和事故的基本风险降至最低；重要保证是指产品通过了最高级别的安全测试，其水平可以将已知的网络安全风险和拥有有限技能和资源的行为者实施的网络攻击风险降到最低；最高保证则表明获得这种证书的产品符合相应的安全要求，达到这种级别的产品可以将拥有大量技能和资源的实体实施的最先进的网络攻击风险降至最低。③引入这样一个统一的认证体系可以防止在不同欧盟成员国实施不同严格程度的要求时，企业选择最宽松的方法进行认证。

---

① HLEG AI, ‘Policy and Investment Recommendations’ (n 5) 30-31.

② 参见 (n 130).

③ 参见 art. 53 of the regulation 2019/881.

6.3 谁的责任？

6.3.1 投资者/生产者

在分析人工智能技术的法律框架的过程中，应将那些参与建立该技术的人的责任作为一个关键问题提出。在这个过程的关键角色中，首要的是投资者。有人认为，投资者（或者更广泛地说，以投资者的身份行事的生产者）应该对数字技术的缺陷承担严格责任。这也应该被理解为，即使缺陷是在产品投入使用后出现的，只要投资者能控制技术的更新，投资者就要承担责任。[①]在这种情况下，以开发风险作为辩护论据的方法并不适用。此外，投资者的严格责任应该是对有缺陷的产品和部件所造成的损害进行赔偿，而不管这些产品和部件是有形的实物还是以数字形式存在的虚拟产品。[②]这意味着，如果某项数字技术被证实造成了伤害，而且在确定相关安全水平方面可能存在不相称的困难或成本，或者预期的安全水平没有得到满足，那么，就应该撤销证明该缺陷的责任。[③]

123

与传统产品有关的投资者责任一般原则也应适用于数字技术。其背后的理由是，即使产品或其某些组成部分是数字形式的，它终归是一种产品，与它的缺陷有关的责任保持不变，无论其基本特点或操作特点如何。因此，与产品责任有关的一般原则，如公平分配商业生产带来的风险和利益，将个人伤害的成本分摊给某类产品的所有购买者，以及预防伤害的可归属责任，在数字产品中也完全有效。

根据功能对等原则，有缺陷的数字内容造成的损害应由投资者承担责任，因为数字内容具有有形动产的许多功能，如关于缺陷产品责任指令（PLD）中所规定的那样。[④]同样的道理也适用于产品中与有形物品分离的

① Borghetti (n 22) 71.
② Zech (n 32) 197.
③ Amato (n 75) 79.
④ 参见 (n 162).

有缺陷的数字元素，以及产品投入流通后的产品更新。在产品生命周期内持续提供的数字服务也是如此。

如果缺陷的发生是由于生产者对已经投入市场的产品进行了干预，或者生产者没有采取行动，而这本身就应该被视为产品的缺陷时，那么投资者就应该承担责任。如果生产者或代表他们的第三方仍然负责提供所需的更新或数字服务，那么这就意味着，数字产品投放市场的时间并没有对投资者的缺陷责任设定严格的限制。如果缺陷源于有缺陷的数字组件或数字辅助部件，或为产品提供的其他数字内容或服务，或没有更新数字内容，或没有提供维持所需安全水平的数字服务，则投资者仍应承担责任。[①] 124

数字技术的特点是其可预测性有限。设备的互联性加上网络安全问题增加了预测产品性能的难度。因此，数字内容或带有数字元素的产品的缺陷可能来自产品运行环境的影响或产品的演变，对此制造商只创建了一个总体框架，并没有进行详细设计。考虑到有效和公平地分享利益和风险的原则，在事先可以预测将会发生不可预见的发展的情况下，允许生产者避免对不可预见的缺陷承担责任的开发风险抗辩并不适用。

数字技术的不透明性、开放性、自主性和有限的可预测性等特点，可能导致难以确定用户有权期望的安全水平是什么。同样，在确定什么情况可被归类为未达到预期安全水平时也存在困难。这些特点可能导致生产者更容易证明相关事实。投资者和以其身份行事的生产者与使用者之间的这种不对称，证明了撤销举证责任的正当性。此外，他们对有缺陷的数字产品的责任指的是他们未能履行监督职责。[②]

随着技术的日益复杂，发展适当的技能和工具来履行所有职责变得越

---

① 欧盟修订了第 2017/2304 号条例和第 2009/22/EC 指令，并废除了第 1999/44/EC 号指令的第 (2019) OJ L 136/28 款，在 2019 年 5 月 20 日欧洲议会和欧洲理事会关于货物销售合同若干方面的指令 2019/771 中确认，卖方也要对数字元素是否符合合同规定负责，包括在消费者合理预期的期限内提供更新。另外，欧洲议会和理事会于 2019 年 5 月 20 日颁布的关于数字内容和数字服务供应合同某些方面的第 (EU) 2019/770 号指令【2-19】OJ L 136/1，为数字内容和数字服务建立了一个类似的模式。投资者的严格责任的特点是相同的，尽管解释的理由不同。

② Expert Group on Liability and New Technologies—New Technologies Formation, 'Liability for Artificial Intelligence and other emerging digital technologies' (n 7) 42-44.

来越困难。运营商、生产商和投资者对此应该承担的责任是平等的。因此，生产者必须确保他们对数字产品的设计、描述和营销应使经营者能够履行其职责。在许多司法管辖区，生产者方面的产品监督义务规则已被引入侵权法中。[①]鉴于数字技术的开放性和对数字环境其他因素有依赖性的特征，这种监督责任应该明确地由投资者承担。[②]

125

6.3.2 开发者

所有与技术相关的产品和服务都需要不断发展完善。法律和监管规定带来的挑战终将会为数字技术（包括促进创新的人工智能）的发展创造适当的条件，同时确保为用户提供足够的保护和安全。这就需要欧盟评估目前欧盟成员国的安全和责任框架是否考虑到这些挑战并进行了正确的调整，或者在这个领域是否还有改进的余地。[③]开发者与数字技术产品和服务的生产者一样，应该对其产品的缺陷所造成的损害负责，而且如果缺陷是由产品投放市场后的改变所造成的，也应该对此类缺陷造成的损害负责。在这种环境下，以下这些因素应该在实施过程中得到考虑。第一，在第三方可能面临更多伤害风险的情况下，应该有强制性的责任保险，一方面可以帮助受害者获得赔偿，另一方面可以保护潜在的侵权者免受责任风险；第二，当技术的特殊性增加了证明责任要素存在的难度时，受害者应有权获得证明的便利；第三，在数字技术没有配备记录功能，导致记录失败或对记录数据的获取受到限制，从而对受害者不利的情况下，应撤销举证责任；第四，除了上述所有情况外，用户的任何破坏都构成可赔偿的损害；第五，没有必要考虑设备或自主系统的法律人格权，因为它们造成的损害可归咎于现有的人，特别是开发者；[④]第六，就开发者的责任而言，

---

① Brownsword (n 185) 234.

② Expert Group on Liability and New Technologies—New Technologies Formation, 'Liability for Artificial Intelligence and Other Emerging Digital Technologies' (n 7) 45.

③ Commission, COM (2018) 795 final (n 3) 8.

④ Karner (n 375) 123.

不应该在所有整体情况下分析个例。这尤其是指为防止有害缺陷或解决未调整或过时的数据问题而进行的软件更新。

这又引出了一个问题，即开发者在系统启动时使用了最实际的知识，但是随后人工智能技术独立做出了选择并造成了损害。在这种情况下，让责任自动落到开发者身上存在着困难。如果经评估在未充分告知用户人工智能系统可能会导致其作出有害选择这一情况下，那么这种情况会产生多大的责任以及开发者在注意义务违约方面又需承担什么程度的责任成为一个问题。

换句话说，数字化和将人工智能技术带入实践是导致周围环境发生关键变化的一个原因，其中许多因素对责任法都有影响。在评估时，必须考虑到其特点，如缺乏透明度、可控性、复杂性、可预测性、开放性、自主性和脆弱性等。 126

即使每个变化发生的速度都可能相对缓慢，但是随着变化的推进以及变化发生次数的累积，最终可能会造成破坏。现有的责任规则很清楚地为数字技术造成的风险提供了解决方案。然而，因为未能实现公平和有效的损失分配，这些责任规则所能达到的效果可能还未能达到想要的目标。造成这一情况的原因可能很多，例如，我们可能很难搞清楚是谁造成了损害，谁从所造成的损害中受益，谁负责控制风险以及风险的控制水平如何，谁可能做出决定及选择更便宜而不是最合适的解决方案（包括选择错误的赔偿保险），等等。

尽管存在上述情况，或者说正因为存在这些复杂情况，才需要针对责任问题的法律和法规要求制定出周密、合适和公正的响应措施，以避免出现数字技术的受害者与人为或传统技术的受害者一样，无法确定能否获得赔偿的情况，这就是为什么应该对现有的责任制度进行必要调整和修正的理由。考虑到数字技术的复杂性以及与之相关的各种风险，可能需要提出各种解决方案，而不是单一的通用解决方案。另一方面，尽管解决方案多种多样，但类似的风险应该由类似的责任制度来管理。最终，这些制度应该明确哪些损失可以得到赔偿。与其他有缺陷的产品一样，过错责任和严格责任应该继续并存[①]，应该允许受害者在多个基础上向不止一个人寻求赔偿，因此，应遵循关于多重侵权者的规则。在评估法律和监管制度时应注意，合同责任或其他赔偿制度可能与侵权责任同时适用或将取代侵权责任，在确定在多大程度上必须对其进行修订时，必须考虑到这一点。[②]

如果数字技术所引致的风险在出现时通常可能造成重大伤害，则应采用严格责任制度来应对数字技术所产生的风险。原则上，这应该由这些技术的开发者或部署者承担，这些人要么负责确保这些技术的顺利运作和恰当运行并控制或负责由此产生的风险（开发者），要么从这些技术的运作中受益（部署者）。如果这两者的责任模糊不清，那么首先应该由主要决定开发或使用相关技术并从中受益的人（前端开发者或部署者）承担责任，否则，责任将转移到持续定义相关技术特征并提供基本和持续维护的人（部署者的后端开发者）身上。在任何情况下，严格责任都应该由对风险有更多控制权的人承担，并且在仅考虑责任问题的情况下，在这个阶段似乎没有必要考虑自主系统的法律人格权。[③]

127

6.3.3 部署者

除了投资者和开发者之外，在使用技术驱动的产品和服务方面，也存在部署者的责任。这源于这样的假设，即严格责任应由控制技术操作相关风险的人和从技术中受益的人承担。即使有人提出了这样一个合理的论点，即在自主和人工智能驱动的技术的竞争中，可以在厘定严格责任时重新考虑现有的辩护和法定例外，因为它们主要是针对人类控制的传统概念而设想的，但在这样做之前应该使用目前的法律结构。因此，众所周知的严格责任制度应适用于新的数字技术。

欧洲存在的特殊情况是，一部分司法管辖区要么制定了一般条款，要

---

① Karner (n 375) 118.

② Spindler (n 287) 132.

③ van den Hoven van Genderen, ‘Legal Personhood in the Age of Artificially Intelligent Robots’ (n 11) 218.

么允许对法定制度进行模拟，而在非常罕见和有限的情况下，其他司法管辖区却没有设定任何责任要求。相反，他们扩大了责任的概念。通常情况下，严格责任更多见于身体伤害的情况，而较少适用于纯经济损失。考虑到在某些司法管辖区有不止一种严格责任制度，整个情况变得更加复杂。这表现在责任人有许多可用的抗辩理由，简单地说，技术的新颖性因素并不是引入严格责任的充分理由。更确切地说，数字技术造成的伤害可能与传统非技术产品的风险所面临的严格责任一样巨大，因此，根据这一标准，两者都应承担严格责任。这方面最令人信服的论点是，如果受害者受到了类似伤害的影响，他们应该获得同等的对待。[①]

这主要适用于与车辆或电器在公共空间移动有关的技术，其他产品如家用电器更少适用严格责任。严格责任也不太可能适用于固定的机器人，尽管它们是人工智能驱动的，但它们通常都被部署在一个封闭的环境中。决定性的因素可能是，暴露在其相关操作风险中的人的数量有限。除此之外，值得一提的是，他们受到不同合同制度的保护。

128

如果在某些情况下，严格责任制度适用于这种技术的操作，那么，对于类似风险而言，相同的特点应将严格责任描述为其他无过错责任。这适用于可追偿的损失，而不考虑可能引入的上限或非金钱损失是否可追偿，严格责任为受害者提供了更容易获得赔偿的机会，但不限制受害者同时请求过错责任索赔。此外，虽然严格责任通常会将责任引向技术的责任部署者，但同时该部署者也有权向其他造成风险的人如投资者、生产者、开发者或经营者寻求追偿。

人们一直在讨论数字技术的第一严格责任人应该是谁。有人指出，根据前面的自动驾驶车辆的例子，当前大多数事故都是由人造成的，而在未来大多数事故都将由技术造成。这可能意味着，让部署者承担第一严格责任是不合适的，因为生产者可能会出于成本规避的原因去限制事故的风险。然而，决定如何使用该技术以及谁从中受益的仍然是部署者，如果操

① 重要性是由潜在的频率和可能的伤害的严重程度的相互作用决定的。

作技术的严格责任由生产者承担，那么保险费用可能会被转移到部署者甚至是所有者身上。

一个控制着与数字技术的部署、维护和运作有关的风险的人，一个从这种操作中受益的人（换句话说，控制着这种风险的人），其定义看似中立和灵活，但这是一个可变的概念。可能使第三方面临潜在风险并可将这种风险责任追究到个人的各种负责任的活动，其范围可能包括从激活技术到其中的步骤再到确定技术使用的产出这一系列的活动，这与更复杂、更自主的系统更少控制操作细节的事实无关。因此，系统的部署方式以及受持续更新影响的算法定义对部署者的责任有直接影响，任何这样的部署者事实上可能是一个后端操作者，可能对其他人所面临的风险有一定程度的控制。从经济角度来看，一个人可能会从操作中受益，因为他们可以，例如，从部署的系统的操作所产生或收集的数据中获利。他们也可以获得经济利益，因为他们的报酬可能取决于操作的持续时间、连续性质或强度。

在有不止一个部署者的情况下，严格责任应该由对所部署的系统所带来的风险有更多控制权的一方承担，如果对责任的评估仅仅依靠利益作为决定谁应该承担责任的决定性因素，那么就会失去必要的透明度。在这种情况下，控制权和利益同样应该是确定谁应该承担赔偿责任的决定性因素。理论上，前端的部署者会有更多的控制权，但当数字技术变得更加注重后端时，有些情况下，对技术的控制权仍然属于后端部署者。让后端部署者承担责任是很有意义的，因为他主要负责控制、减少和防止与使用该技术有关的风险。

129 最终，立法机构应该界定谁应在何种情况下承担责任，以及所有其他需要规范的事项，例如，部署者应该购买保险，并减少他们自己的成本，可以通过为其服务支付的费用转嫁保险费。如果有几个部署者履行后端运营商的职能，他们中的一个必须被指定为负责任的运营商。

在大多数欧盟成员国中，所有的要素都可以通过简单地扩大现有的严格责任模式来实施。其中许多方案包括部署者可用于辩护的各种免责条款和除外条款。然而，并非所有这些都适合于数字技术，因为它们反映了对人类控制的关注。[①]

部署者应遵守一系列的注意义务，包括为任务选择合适的系统并对系统进行监测或维护的义务。只要生产者设计、描述和销售产品的方式能够有效地使操作者遵守他们的义务，那么，产品一经投入流通，部署者就应该对与充分监测产品部署有关的损害负责。

在传统技术的成熟模式中，操作者必须履行一系列的注意义务，而这些注意义务则与技术的选择有关。注意义务的决定因素包括需要完成的任务、操作者的能力、组织框架、适当的监测、维护、安全检查和修理等。在没有正确履行这些职责的情况下，无论操作者对技术相关产品所造成的风险有无严格责任，过错责任都将适用。注意义务通常被提高到一个不太明显的程度，以区分过错责任和严格责任，在与数字技术相关的产品和服务方面，注意义务原则变得更加重要。[②]

6.4 什么责任?

6.4.1 民事责任和问责制

在涉及影响人工智能应用的个人安全和基本权利方面，有必要引入可追溯性和报告要求，以提高其可审计性。在实践中，事前监督方法可能有用。另外，在部署人工智能系统之前，可以引入持续的系统监控，这可能包括在特定的领域部署人工智能决策时有义务进行人工干预和监督，严格的民事责任或侵权责任规则必须确保在发生伤害或侵权事件时向受害者提供足够的赔偿。另外，这些赔偿义务可能需要用强制性的保险义务加以补充。将众所周知的责任制度应用于与数字技术有关的新挑战是很自然的，但数字技术中的许多新奇因素和现有制度的局限性，可能会让受害 130

① Expert Group on Liability and New Technologies—New Technologies Formation, ‘Liability for Artificial Intelligence and Other Emerging Digital Technologies’ (n 7) 39-42.

② 同上，44-45。

者承担损害赔偿风险。考虑到现有的责任规则是基于造成伤害的单一因果模式的旧概念制定的，其适当性可能会受到质疑。侵权法的主要目的是在对所有相关利益进行评估的基础上，赔偿受害者不应该承受的损失，但这仅仅是指可赔偿的伤害。这些都是指在法律上值得保护的利益的损害。

一般来说，人们普遍同意，对人身或财产造成的伤害会引发侵权责任。但是，人们并不同意接受纯粹的经济损失。例如，金融市场上基于自学算法的应用程序所造成的损失可能不会得到赔偿。这是因为一些法律制度不对这类利益提供侵权法保护，或者只有在满足额外要求的情况下才提供有限保护。当事人可能存在合同关系。①数据的损坏或毁坏也不属于财产损失。也就是说，在一些司法管辖区，财产的概念仅指有形的实物。在人格权的承认上也存在差异。数字技术的应用可能会影响到这些权利，因为某些数据的发布会侵犯隐私权。②

这并不意味着数字技术对现有的可赔偿损害概念提出质疑，相反，一些已经被认可的损失类别在传统的侵权情况下有可能不太适宜。损害（特别是其规模和影响），作为判定责任的先决条件，也是一个灵活的概念并可能会根据情况而有所变化，这实际上影响了侵权索赔的整体评估和理由的有效性。③

确定民事责任的一个基本要求是受害者的损害与被告之间存在因果关系，受害者必须能够证明，损害源于可归咎于被告的行为或风险。通常情况下，必须由受害者出示支持其立场的证据。然而，在不太明显的情况下，事件发生的先后顺序及各种因素的更复杂的依赖性可能对损害的发生

---

① 参见 Willem van Boom, Helmut Koziol, Christian Witting (eds.), *Pure Economic Loss* (Springer 2004) and Mauro Bussani, Vernon Valentine Palmer, 'The Liability Regimes of Europe—Their Façades and Interiors' in Mauro Bussani, Vernon Vaalentine Palmer (eds.), *Pure Economic Loss in Europe* (Cambridge University Press 2011 reprint) 120.

② 参见《通用数据保护条例》第 82 条关于数据泄露情况下的统一赔偿要求。

③ 参见《欧洲侵权法原则》第 2：102 条第 1 款："利益的保护范围取决于其性质；其价值越高，其定义越精确，越明显，其保护就越广泛。"

产生促进作用，因此，如果不能说明事件链中的关键环节处于被告的控制范围内时，受害者可能会很难确定因果关系。在一些司法管辖区，如果受害者成功地向法院证明其所受的伤害是由被告必须负责的某件事情所引起的，那么受害者可能会败诉。无论受害者的证据有多强的说服力，都会有这种风险。 131

欧洲的侵权法主要以过错原则为基础，如果可以将损害归咎于被告，则允许进行赔偿。[①]该责任与侵权行为人的某些不当行为有关。不管客观或主观不法行为与不法性和过错之间有何区别，不当行为责任的依据仍然是关键，它要求确定行为人的注意义务，并证明产生损害的行为人的行为没有履行这些义务。[②]这些义务是由多种因素决定的，它们可能由要求或禁止某些行为的法定规则来定义，有时必须根据社会在特定情况下采取审慎和合理的行动方案的信念来重新构建。[③]

数字技术的新颖性使基于过错原则的责任规则的适用性变得复杂。这是因为这些技术缺乏正确运作的记录，而且这些技术可能会通过自学能力在没有人类直接控制的情况下发展。[④]

基于人工智能的系统不能按照基于人类行为的注意义务概念来评估。[⑤]至少，在未进行必要调整的情况下需要进一步的论证。考虑到欧盟的法律责任模式的多样性，以及它们在规范产品和安全要求方面更先进的事实，可能应该引入一些必要的规则，以促进技术相关案件中与侵权法相

---

① 另请参见 the Commission Staff Working Document on Liability (SWD (2018) 137) 7, accompanying Commission Communication, COM (2018) 237 final (n 2).

② 参见 Helmut Koziol, ‘Comparative Conclusions’ in Helmut Koziol (ed.), *Basic Questions of Tort Law from a Comparative Perspective* (Jan Sramek Verlag 2015) 685, 782.

③ 参见 Benedikt Winiger, Ernst Karner, Ken Oliphant (eds.), *Digest of European Tort Law Ⅲ: Essential Cases on Misconduct* (De Gruyter 2018) 696.

④ Geslevich Packin, Lev-Aretz (n 31) 88.

⑤ 参见 Commission, COM (2020) 64 (n 138). 其中确认：“安全和责任法律框架的总体目标是确保所有产品和服务，包括那些整合了新兴数字技术的产品和服务，都能安全、可靠、稳定地运行，并确保已经发生的损害得到有效补救。”

关的注意义务的统一。[①]第一个也是最有可能的统一方式是引入法律或监管要求，通过转移举证责任来触发责任。

在数字技术造成损害的情况下，可能很难确定什么构成过错。一般来说，受害者必须证明被告行为造成过错，既要确定被告应该承担哪些注意义务，又要证明被告没有履行这些义务并造成了损害。要证明被告有过错，就必须提供证据，证明适用的注意标准是什么，并证明被告没有遵守这些标准。另一个困难是要证明事件是如何导致损害的。情况的复杂性导致受害者在提供相关证据时难以识别哪些证据是有用的。通常情况下，要在冗长的软件代码中找出一个错误可能非常复杂，甚至不可能；同样，在人工智能相关的应用中，对造成特定结果的原因进行检查时，过程可能非常漫长和困难，而且成本高昂。

132

欧洲的侵权法在追究某人对另一人的行为所产生的责任方面有很大不同。[②]例如，在一些欧洲国家，可以将辅助人的行为归结为委托人的行为，只需要辅助人在委托人的控制下为委托人的利益行事即可。在其他国家，只有在例外情况下才有可能要求委托人承担侵权法中的责任。这些例外情况指的是委托人在委托辅助人时知道辅助人存在危险性、辅助人不适合执行被分配的任务或在选择或监督辅助人方面存在过错等情况。也有一些司法管辖区采用混合模式，两种方法都可以适用。

在将严格责任定义为一个中性的、更广泛的无过错责任的司法管辖区，一般将替代责任视为严格责任的一个单纯变体。严格责任通常与某些特定风险有关，而替代责任则与过错责任有关，它是指委托人在没有自己的个人过错的情况下，对其辅助人转嫁过来的过错承担的责任。即使辅助人的行为不是根据适用于他们自己的基准而是根据委托人的基准进行评估

① 参见 Urlich Magnus, 'Why Is US Tort Law So Different? ' (2010) 1 Journal of European Tort Law 102-124.

② 参见 Koziol (n 549) 795 的概述。

的，这也适用。[①]

不管现有的差异如何，替代责任的概念被认为是一种可能的催化剂，可以用来论证机器、计算机、机器人或类似技术相关部署的操作者应该对其操作承担严格责任。对这一概念的争论是围绕着以下想法展开的：如果获得人类助手帮助的个人要为人类助手的错误行为负责，那么同样的原则也应该适用于获得非人类助手帮助的受益者，这样做的前提是获得帮助的主体从该等帮助授权中获得了同等的益处。[②]所谓的功能对等原则意味着在导致第三方受到伤害的情况下，使用自主数字化系统来协助自己应被视同使用人类辅助者。然而，在那些认为替代责任是过错责任的变种的司法管辖区，情况就复杂了。[③]在这些司法管辖区，让委托人对另一个人的错误行为负责可能很困难，因为这需要确定用以评估非人类助手行动的基准。这是考虑到人类辅助者的不当行为应当得到反映。他们认为，潜在的基准应考虑到应用非人类辅助者可能更安全，而且它们造成损害的可能性比人类行为者小。[④]

133

6.4.2 刑事责任

虽然人工智能和其他数字技术（如物联网或分布式账本技术）有可能使社会变得更好，然而，这些应用应该有足够的保障措施，以尽量减少它们为人们带来身体伤害或其他伤害的风险。[⑤]在欧盟，这属于产品安全法规的管辖范围，但这些法规不能完全避免这些技术的操作或负责这些技术

---

① Suzanne Galand-Carval, 'Comparative Report on Liability for Damage Caused by Others', in Jaap Spier (ed.), *Unification of Tort Law: Liability for Damage Caused by Others* (Kluwer Law International 2003), 289.

② 参见 AJB Sirks, 'Delicts' in David Johnston (ed.), *The Cambridge Companion to Roman Law* (Cambridge University Press 2015) 246, 265.

③ 参见 European Parliament, 'Draft Report with recommendations to the Commission on a Civil liability regime for artificial intelligence' 2020/2014 (INL) https://www.europarl.europa.eu/doceo/document/JURI-PR-650556_EN.pdf，获取于 2020 年 7 月 22 日。

④ Ryan Abbott, 'The Reasonable Computer: Disrupting the Paradigm of Tort Liability' (2018) 86 George Washington Law Review 1-45.

⑤ Commission, COM (2018) 237 final (n 2) 14-17.

的人会造成伤害。在发生伤害的情况下，受害者可能会寻求适当的补救措施。通常情况下，他们会根据民事私法中可用的各种责任制度来寻求补救，同时可能会根据保险单或刑法规定行事。[①]要强调的是，在欧盟层面，只有生产者对有缺陷的产品的严格责任是统一的。同时，所有其他的制度都是由各欧盟成员国单独规定的，唯一的例外是一些已经引入了某些法规的特定部门。

在有必要确保这种刑事责任和义务的情况下，应始终严格按照刑法的基本原则对这些情况进行归结。[②]随着人工智能、复杂的数字生态系统和自主决策的出现，我们需要反思一些既定的安全规则和刑法中的责任问题是否合适。[③]像机器人和物联网这样的人工智能产品在其进化增强后可能会以当初投入使用时未被预料到的方式行事。随着人工智能使用的普及，应该对横向规则以及部门法规进行审查、重新评估和调整。[④]

134 由于欧盟的安全框架涉及产品投放市场时的预期用途，这促使了人工智能赋能设备领域的标准不断发展，并随着技术进步不断完善。[⑤]安全标准的发展和国际标准化组织的支持应使企业从竞争优势中获益，并增加消费者的信任。[⑥]目前正在评估安全和责任框架是否能适应这些新的挑战，以及是否应该弥补任何存在的缺口。我们相信，高水平的安全和有效的损害赔偿机制应有助于促进新技术广泛的社会接受。

---

① Brownsword (n 185) 212.

② HLEG AI, ‘Policy and Investment Recommendations’ (n 5) 39.

③ Pagallo, Quattrocolo (n 61) 403.

④ 对于任何需要解决人工智能和相关技术带来的新问题的新监管提案，欧盟委员会都会采用创新原则来审议，这是一套为了确保欧盟委员会的所有举措都有利于创新的工具和准则：https://ec.europa.eu/epsc/publications/strategic-notes/towards-innovation-principle-endorsed-better-regulation_en，获取于 2020 年 7 月 22 日。

⑤ 例如，the Machinery Directive (n 161), the directive 2014/53/EU of the European Parliament and of the Council of 16 April 2014 on the harmonisation of the laws of the Member States relating to the making available on the market of radio equipment and repealing Directive 1999/5/EC (2014) OJ L 153/62, the Directive 2001/95/EC of the European Parliament and of the Council of 3 December 2001 on general product safety (2001) OJ L 11/4，以及诸如医疗设备或玩具的具体安全规则。

⑥ 标准还应该包括互操作性，这对为消费者提供更多选择和确保公平竞争至关重要。

欧盟已经从刑事责任的角度对《产品责任指令》[1]和《机械指令》[2]进行了评估。从一开始，对人工智能相关技术的评估就是从现有责任框架的角度进行的。[3]

在对可能涉及数字技术的现有刑事责任制度的评估中得出的结论是，各欧盟成员国的责任制度对因这类新技术的运作而遭受损害的受害者给予了一些基本保护。[4]然而，这些技术的具体特点（即复杂性、持续更新修改带来的不断变化、自学能力、有限的可预测性和对损害网络安全的恶意行为的开放性）造成的影响是，即使在合理的情况下，受害者也很难寻求补救措施。刑事责任的分配困难造成了一种风险，即目前不明确的规则可能会造成不公平或低效率。[5]为了解决这一困难，必须对欧盟和欧盟成员国的刑事责任制度进行适当调整。 135

这些调整应基于某些原则，根据这些原则设计责任制度，并在必要时进行修改。第一，如果人类操作的技术将带来伤害风险，那么其应该对其操作造成的伤害承担刑事责任，前提是所有其他触发刑事责任的不可或缺的条件均得到满足。第二，如果提供必要技术框架的人工智能产品或服务提供商拥有的控制力比装备人工智能的产品或服务的所有者或使用者更强，那么在确定主要技术负责人时，应考虑到这一点。[6]第三，使用有可能对他人造成伤害的技术的人员应履行适当选择、操作、控制、监测和维护所使用的技术的义务，如果其间存在过错，最终可能会因为违反这些义务而被判定承担相应责任。第四，使用具有一定程度自主性的技术不表示

---

① 《产品责任指令》（The Product Liability Directive）（n 162）规定，如果一个有缺陷的产品对消费者或其财产造成任何损害，生产者必须提供赔偿，而不管他们是否有疏忽或过失。

② 对《机械指令》（The Machinery Directive）（n 161）的评估表明，某些条款没有明确涉及新兴数字技术的某些方面，欧盟委员会将研究这是否需要修改立法。关于对《产品责任指令》（n 162）的评估，欧盟委员会将发布一份解释性指导文件，澄清该指令中的重要概念。

③ 参见 Commission SWD (2018) 137 (n 548).

④ Spindler (n 287) 129.

⑤ Pedro M. Freitas, Francisco Andrale, Paulo Novais, 'Criminal Liability of Autonomous Agents: From the Unthinkable to the Plausible' in Pompeu Casanovas et al. (eds.), *AI Approaches to the Complexity of Legal Systems* (Springer 2014) 150.

⑥ Amato (n 75) 83.

其应就该等技术造成的伤害承担比人类造成的伤害要小的刑事责任。第五，在可能追究刑事责任的情况下，受害者证明所部署系统的缺陷和所受伤害之间的因果关系的举证责任应该得到减轻。①

6.5 横向监管方法的好处

如上所述，欧盟立法措施的广泛约束力适用于与人工智能技术相关的各个方面，横向的法规保证了健全的法律确定性和法律面前的平等。从内部市场，特别是从数字化单一市场的运作角度来看，欧盟的立法框架将致力于规则的去碎片化。根据分析的监管体系，我们可以得出这样一个结论：一般来说，欧盟法律正在以相当全面的方式解决可信赖人工智能的第一个条件——合法性，然而，在一些领域，现有的横向框架需要一些修正。首先，正如欧盟委员会在其白皮书中所指出的，现有欧盟和国家法律的有效应用和执行应该得到改善，这主要是由人工智能缺乏透明度的问题引起的。缺乏透明度使得在确定可能违反基本权利或责任规则的行为时存在着困难。②

136

值得一提的是，除了现有的不针对人工智能的横向规则外，目前欧盟正在进行立法反思，以建立专门针对人工智能行业的横向法规。欧盟委员会的白皮书，以及随后的公众咨询和欧洲议会根据《欧洲联盟运作方式条约》第 225 条③提出的动议，指出了未来关于人工智能、机器人和相关技术的开发、部署和使用的伦理准则的监管方向。正如我们前面强调的那

---

① 要让一个人承担刑事责任，至少要有两个必要的因素。第一个（犯罪行为）是指犯罪行为的外部或事实要素。第二个（犯罪意图）是内部或精神要素，指的是对行为要素的知识、理解和意愿。这两种情况都是追究刑事责任的必要条件。更多关于人工智能的刑事责任参见 Gabriel Hallevy, ‘The Criminal Liability of Artificial Intelligence Entities’ (2010) Ono Academic College, Faculty of Law https://papers.ssrn.com/sol3/papers.cfm? abstract_id=1564096，获取于 2020 年 7 月 22 日。

② Borghetti (n 22) 63.

③ 《欧洲联盟运作方式条约》第 225 条规定：“欧洲议会可通过其组成成员的多数同意采取行动，要求欧盟委员会就其认为为执行条约需要采取联盟行动的事项提出任何适当的建议。如果欧盟委员会不提交提案，它应将原因告知欧洲议会。”另请参见 European Parliament, 2020/2012 (INL) (n 35).

样，拟议的条款框架涉及将《人工智能伦理准则》落实到具有适当约束力的、直接适用的法律行为中。欧洲议会提案的逻辑围绕人类中心性展开并适当地进行了风险评估，概述了安全特征、透明度和问责制、非歧视、非偏见、平等、社会责任和性别平衡、环境保护和可持续性、隐私（包括生物识别）等方面的内容。该提案还强调了健全的治理规则的相关性，认为在国家和超国家层面应建立人工智能监督（监管）机构。欧洲议会提出的草案可以通过监管灵活性的角度来描述。横向监管应尽可能灵活和面向未来，只有采用这样的方法才能保证持续的监管，为快速发展的技术带来健全的法律基础。

行业监管方法

7.1 导　语

为了规范人工智能行业的伦理基础，除了已经到位或已被采纳的横向欧盟法规，我们还应该注意到那些不断涌现的旨在规范特定行业和社会部门的行业倡议。部门监管方法以混合的约束力为特征，混合了欧盟的传统法律法规和新式的监管方法。这些传统法律法规和新式的监管方法共同致力于人工智能的伦理治理。人工智能伦理包含了一系列根据最高行为标准而设计的过程、程序、文化和价值观，超越了白纸黑字的法律法规。[①]一般来说，监管数字化转型（人工智能在数字化转型方面扮演重要角色）面临着“节奏问题”[②]，节奏问题指的是科技发展和所采取的监管措施与机制之间存在鸿沟。欧洲和全球的人工智能行业监管方法存在的问题与一个事实相关，即政策周期常常需要很多时间。我们在欧盟的例子中可以看到，虽然人工智能领域的监管工作具有跨行业的特点，但是这一工作已经花费了超过两年的时间。在行业方面，数字产品、服务、解决方案都发展

---

① Alan F.T. Winfield, Marina Jirotka, ‘Ethical Governance Is Essential to Build Trust in Robotics and Artificial Intelligence Systems’ (2018) 36 Philosophical Transactions Royal Society A 2.

② Gary E. Marchant, ‘The Growing Gap Between Emerging Technologies and the Law’ in Gary E. Marchant, Braden R. Allenby, Joseph R. Herkert (eds.), *The Growing Gap Between Emerging Technologies and Legal-Ethical Oversight. The Pacing Problem* (Springer 2011) 19; William D. Eggers, Mike Turley, Pankaj Kishnani, ‘The Future of Regulation’, https://www2.deloitte.com/us/en/insights/industry/public-sector/future-of-regulation/regulating-emerging-technology.html#endnote-sup-49，获取于 2020 年 7 月 22 日。

得非常迅速，而且多数时候，它们都以类似的速度出现在市场上，因此，需要更具适应性的监管方法。监管机构，包括欧盟层面的监管机构，如今手握一系列监管工具，能够针对高速变化的行业做出快速反应。欧盟委员会强调监管沙盒、自我监管措施和创新协议等欧盟层面的监管新方法，并把这些方法运用在政策制定中。总的来说，在这方面，正有着越来越多的、并不具备直接可执行性和约束力的软法律文书；但是，这些软法律文书还是提供了一些针对自我监管、最佳实践准则和行为规范的指导。然而，自我监管实践的风险更多在于支持行业目标，而不是支持其他利益攸关方的目标。①

138

7.1.1 监管沙盒

由于网络现实是新事物，它需要新的监管措施。监管机构越来越喜欢测试新的监管方法，以便对需要封闭监管的活动领域提供更有效的参考。监管动作常常会比法律要求更快速、更聪明、更贴切、更敏捷。监管动作必须区别于代表企业利益的行业标准和往往滞后的法律规范。监管要求中某些内容尚未得到法律制定者认可的情况并不罕见。另一方面，监管要求和法律规范发挥着不同的作用。例如，在要求不法行为人承担责任的侵权诉讼中，两者的相关性较弱。即使法院在评估某一特定行为是否符合需要履行的义务时，可能会考虑这些监管要求，情况也是如此。

在几种新的监管方法中，监管沙盒最适合监管科技及人工智能相关产品和服务。监管沙盒是指，在新的、相当友好和非侵入式的法规被广泛引入和产生约束力之前，先进行测试。这些新法规与新科技同时推出。正如把新科技推广至市场首先要在现实世界中对新科技进行实验和测试一样，对其提出监管要求的新法规也同时出台。②从根本上来讲，监管工作不是

---

① Cath et al. (n 188).

② 参考测试和实验设施是一种技术基础设施，背后有特定的专业知识和经验进行支撑，能够在真实或接近真实的条件下（智能医院、洁净房间、智能城市、实验农场、联网和自动驾驶走廊等）测试给定行业的成熟技术。

让科技在无人看管的情况下发展，而是早在科技广泛投入生产之前的测试阶段，就伴随其发展。例如，为了避免不必要的重复和相互竞争，研发一定数量的大型参考站点，并将其测试结果对其他感兴趣的实体公开。相关测试设施的例子包括联网和自动驾驶汽车、运输和创建数据空间等。[①]在移动、医疗保健、制造业、食品生产和加工、安全等关键的人工智能科技新领域，为其找到新的测试设施设备的需求正在不断增长。监管沙盒中的规则仅限于或有利于在指定区域测试新的产品和服务，这向主管部门提供了足够的监管要求，以便控制产品和服务的适用性并进行必要的调整。[②]

139

调整后的监督监控包括监管沙盒，以及其他政策或治理实验等方法，鉴于法律给人工智能创新的监管机构提供了足够的回旋空间，调整后的监督监控有助于支持基于人工智能创新的发展。[③]目前，大部分监管的重点都放在评估欧洲的监管框架是否做了适当调整，以适应数字科技，尤其是联网和自动化人工智能驾驶科技。[④]对于为鼓励监管沙盒等创新以及公共测试而营造的环境，需要评估其价值以及是否值得大规模推广[⑤]，如果被证明是有效的，这将鼓励欧盟成员国以更大的规模复制此类环境和解决方案。预计欧盟成员国将为开发人工智能应用的企业提供一站式服务，这还将有利于在未来识别更具体的监管需求。[⑥]

创造敏捷的政策制定解决方案，如监管沙盒，会涉及多个公共或私人利益攸关方，它们向创新机构提供帮助，允许在不妨碍公共或私人利益的情况下快速评估创新项目，同时助力刺激创新，且不产生不可接受的风险。但是，应该对这种监管方法的局限性进行彻底评估以保证其一致性和

---

① von Ungern-Sternberg (n 15) 253.

② Commission, COM (2018) 795 final (n 3) 8.

③ 虽然监管沙盒很有必要，但是创新还可以通过更缓和的方式得到支持，如创新中心和政策实验室。

④ Commission, COM (2018) 795 final (n 3) 18.

⑤ 同上。

⑥ 同上。

有效性。值得一提的是，监管沙盒能够帮助开发与实验性人工智能实施相关联的基本权利影响评估。[①]

7.1.2 自我监管激励

自我监管，与自上而下的法律监管相反，是一种自下而上的监管方法。这种监管方法的特点是，经济行为体、社会伙伴、非政府组织、行业协会采取自愿行动，用特定的指导方针，制定一套应用规则。很多时候，自我监管是共同监管的起点，共同监管介于法律监管和自我监管之间，形成两者之间的相互作用。[②]理想情况中，行业或企业自我监管与一般监管要求之间的差异应该很小。这仅仅因为早期的企业自我监管更难实施监管要求。至少在理想情况下，自我监管对企业更有利。另一方面，自我监管对于市场监管机构来说也很方便，因为自我监管的实体往往更容易遵守他们自己提出的规范和义务。具体地说，自我监管提供了有助于评估技术应用的第一基准。当评估此类自我监管的结果时，监督机构可以确保人工智能技术的监管框架符合这些价值观、基本权利、预期行为和市场实践的理想形态。[③]因此，应从现有监管框架是否适合技术实践发展的角度对其进行监控和审查，以便更好地应对不断出现的挑战。[④]

140

可用的技术和新的方法，如设计思维过程，促进了政策的制定。它扩大了参与政策制定咨询过程的利益攸关方的范围。召集那些拥有需要政策解决的真实需求的利益攸关方，能促进反映确实存在的问题，而不是假设的问题。这个过程促进了政策的规划、控制、测试、实施和监控，能获得及时反馈和所需的修正。此外，由于所有利益攸关方都能分享见解、交换期待和价值观，该过程还促成了对法规的动态评估。虽然公共当局是政策开发和执行的重要行为体，可以决定治理参数，但在每个步骤中都与参与

---

① HLEG AI, ‘Policy and Investment Recommendations’ (n 5) 41.

② Pagallo et al. (n 371) 10-11.

③ Amato (n 75) 84.

④ Commission, COM (2018) 237 final (n 2) 14-17.

此过程的其他行为体紧密合作，能帮助政策制定者更好地体会敏捷治理的需求。这样的系统可以鼓励创新机构主动与政策制定者互动，为他们的创新共同设计治理生态系统。①

7.1.3 创新协议和数字创新中心

创新协议是现有立法中的一种工具，用于评估新技术开发和部署遇到的监管障碍。②创新协议是欧盟机构、创新机构和欧盟成员国当局之间的多方自愿协议，其目标是彻底了解欧盟法规在实践中的运作方式。如果欧盟法规被发现是创新的障碍，将被标记为需要采取进一步行动。

141

创新协议作为一种准监管措施，最符合为人工智能增强型产品、服务和应用打造一体化欧盟市场的理念。③具体领域包括数据保护和隐私、消费者保护和竞争法规设计等。④在具有高度社会和政策利害关系的领域引入人工智能的重要考虑因素涉及算法决策模型的公平、透明度和问责制，以及人工智能对人类行为和社会接受度的影响。⑤此外，还应该探索知识产权问题，以确保监管框架正确解决人工智能的具体问题。⑥预期的最终结果之一是促进其可持续和高效发展。⑦

投资欧洲（InvestEU）项目内用于企业向人工智能赋能解决方案转型的资金，可供各个行业的所有企业使用，聚焦促进可信赖人工智能科技的融合。所有的欧盟计划和倡议，以及数字创新中心网络，都应该为初创企

① World Economic Forum, ‘White Paper: Agile Governance. Reimagining Policy Making in the Fourth Industrial Revolution’ http://www3.weforum.org/docs/WEF_Agile_Governance_Reimagining_Policy-making_4IR_report.pdf，获取于 2020 年 7 月 22 日。

② 参见 https://ec.europa.eu/info/research-and-innovation/law-and-regulations/identifying-barriers-innovation_en，获取于 2020 年 7 月 22 日。

③ 欧盟委员会正在不断探索算法决策方面受关注的领域，主要通过在线平台工具探索，通过透明度、公平性和问责制等不同方法增强信任。参见 Commission, COM (2018) 795 final annex (n 68).

④ 参见 GDPR (n 125).

⑤ 参见 the Joint Research Centre HUMANIT https://ec.europa.eu/jrc/communities/community/humain，获取于 2020 年 7 月 22 日。

⑥ Blodget-Ford (n 353) 320.

⑦ Commission, COM (2018) 795 final (n 3) 18.

业和中小微企业获得资金和所需商业化建议制定便利措施。其中一部分措施应该支持中小微企业和初创企业确定它们的人工智能转型需求，在此基础上制订计划，提出可行的金融计划以促进其转型，帮助提高员工的技能。相关建议应该包括投资、知识产权等各类商业建议。①

数字创新中心网络将提供法律和其他所需的支持，以打造符合伦理准则的可信赖人工智能系统。这种支持特别体现于向在该领域没有足够资金和经验的中小微企业提供技术知识。

142

7.2 先进行业的自我监管实践

7.2.1 汽车行业

随着自动化和互联性的不断提高，汽车行业成为人工智能解决方案的最大受益者之一。随着这些技术的使用范围不断拓广，水平不断提高，汽车的自动化水平也随之提升。目前，一些汽车行业组织②提供了描述不同级别自动驾驶的方案，级别的确定取决于驾驶员的自动程度与车辆的自动程度。根据美国汽车工程师学会的说法，自动驾驶级别共分为六级。零级为仅凭司机驾驶汽车，司机使用眼睛和手操控汽车，对车辆进行持续控制；一级为辅助驾驶，系统带有转向、制动和加速功能；二级为部分自动驾驶，司机可以暂时解放双手，但需时刻监控系统，系统在特定情况下对车辆进行转向、制动和加速控制，一级和二级自动驾驶汽车已广泛投放于市场上；三级为有条件的自动驾驶，司机无须时刻监控系统，但系统有可能要求司机在适当的时间间隔内恢复操控；四级为高度自动驾驶，系统能自动应对所有情形，在规定使用期间内无须司机操控；五级为完全自动驾

① 参见 https://ec.europa.eu/info/law/law-making-process/planning-and-proposing-law/better-regulation-why-and-how_en，获取于 2020 年 7 月 22 日。

② 例如，德国汽车工业协会（VDA）、美国汽车工程师学会（SAE）或美国国家公路交通安全管理局（NHTSA）。

驶，不需要司机，系统可在整个行程中应对所有情形。[①]无论哪种级别的自动驾驶，人工智能为汽车行业带来的进步都是不可否认的。它带来的好处是多方面的，包括道路安全[②]、扩展新型移动服务、减少碳排放和改进城市规划等。[③]此外，跟其他情况不同的是，围绕与四级和五级相关的严重伦理问题，业内展开了激烈的辩论。著名的"电车难题"就是其中之一，它尝试描述在决策制定情境中面临的伦理困境，即可能做出的决策总是在伦理层面令人质疑。[④]在自动驾驶中，这种伦理困境存在于软件设计中，在设计时要以恰当的方式训练软件，以便在可能致命的碰撞不可避免时做出决策。无论这个问题多么严重，越来越多的学者在其著作中指出"电车难题"在反映自动驾驶车辆伦理上的作用是有限的。[⑤]此外，还有其他各种交通状况，虽然看似平淡无奇，但也需要进行伦理反思。这些情况包括在能见度有限的情况下驶向人行横道、驶过繁忙的十字路口或在车流中左转弯等。[⑥]这里的伦理问题在于，有些判断人类是凭直觉做出的，但是机器无法做到。尽管根据经验、年纪、性别、文化和地域的不同，每个司机的驾驶风格也各不相同，但是自动驾驶汽车却需要在操作上具体而统一。

143

此处我们不展开对自动驾驶伦理方面的深入学术分析，而是讨论其政

---

① 参见 https://www.sae.org/news/press-room/2018/12/sae-international-releases-updated-visual-chart-for-its-%E2%80%9Clevels-of-driving-automation%E2%80%9D-standard-for-self-driving-vehicles，获取于 2020 年 7 月 22 日。

Daniel Watzenig, Martin Horn, 'Introduction to Automated Driving' in Daniel Watzenig, Martin Horn (eds.), *Automated Driving. Safer and More Efficient Future Driving* (Springer 2017) 4-6.

② Commission, 'Report on Saving Lives: Boosting Car Safety in the EU', (Communication) COM (2016) 787.

③ Commission, 'On the Road to Automated Mobility: An EU Strategy for Mobility of the Future' (Communication) COM (2018) 283 final. 另请参见 Jan Gogoll, Julian F. Müller, 'Autonomous Cars: In Favour of a Mandatory Ethics Setting' (2017) 23 Science and Engineering Ethics 682-685.

④ Johannes Himmelreich, 'Never Mind the Trolley: The Ethics of Autonomous Vehicles in Mundane Situations' (2018) 21 Ethical Theory and Moral Practice 671.

⑤ 参见 Himmelreich (601) 672-673; Noah J. Goodall, 'Away from Trolley Problems and Toward Risk Management' (2016) 30 Applied Artificial Intelligence 810-821; Sven Nyholm, Jilles Smids, 'The Ethics of Accident-Algorithms for Self-Driving Cars: An Applied Trolley Problem? ' (2016) 19 Ethical Theory and Moral Practice 1276-1277.

⑥ Himmelreich (601) 678.

策制定和监管措施。在欧盟成员国中，德国的例子尤为突出。德国是自动驾驶行业的领导者，其致力于建立自动化和网联化驾驶伦理委员会，委员会成员包括法律、伦理和工程学者，汽车企业代表，消费者协会，德国全德汽车俱乐部，天主教主教，德国联邦宪法法院前检察官和前法官等。[①]2017 年 6 月，该委员会起草了一份报告，其中包含《自主化和网联化车辆交通伦理准则》。[②]该准则涵盖了 20 项伦理原则，内容涉及汽车行业当今面临的主要问题，大部分内容与四级和五级自动驾驶有关联。该准则强调了自主交通系统的主要目标，即改善道路安全，兼以落实人类自主和以人为本的原则。它规定了司机对车辆负责的原则，司机可以否决系统操作并自行驾驶（伦理原则 1、4、16、17）。此外，它还规定了系统必须保护人类，人类的权益应该优先于实用性考虑。在降低自动驾驶系统与人工驾驶所造成的伤害程度方面，该准则同意风险的正面平衡（伦理原则 2）。从运行和监管角度看，该准则强调公共行业有责任引入驾驶证，并有责任对保证自动驾驶汽车安全的流程进行监控，而不是把责任完全留给生产商（伦理原则 3）。经过仔细分析的伦理准则对不可避免的事故和两难情况给予了很多关注（伦理原则 5—9）。一般来说，预防是主要规则，在设计车辆时，应该避免出现紧急情况，且车辆应采取防御性和符合预期的自动驾驶方式。此外，完全自动驾驶系统不应该是强制性的，在危险情况下，保证人类生命安全应优先于保证动物或财物安全。在真实的两难情况下，有时需要做出牺牲一人保全另一人的决定，在对此类伦理问题进行程序设计时，不应该有标准化的方法。在这种背景下，应该禁止系统根据司机或潜在受害者的个人特征进行任何区分。然而，进行一般性程序设计以减少人身伤害可能是合理的。[③]就其实际相关性而言，有关问责制的伦理

144

---

① Christoph Luetge, ‘The German Ethics Code for Automated and Connected Driving’ (2017) 30 Philosophy and Technology 548.

② 参见 https://www.bmvi.de/SharedDocs/EN/publications/report-ethics-commission.pdf? _blob=publicationFile，获取于 2020 年 7 月 22 日。

③ Luetge (604) 550-553.

准则可能是最重要的，伦理原则将责任从汽车所有者[①]转移到汽车及其技术系统的制造商和运营商。

伦理原则还规范了应由合适的独立机构（监管机构）保证的透明度和公共信息问题；安全问题（尤其指网络安全）和数据保护问题（伦理原则12—15）。还有关于机器学习方法的伦理规则，这些伦理规则被应用在自动驾驶汽车上，但这些规则仅限于在遇到与汽车控制相关功能的安全性要求时才可使用。在紧急情况下，汽车会自行进入安全条件状态（伦理原则18—19）。最后，还强调了与自动驾驶汽车用户相关的适宜教育和培训（伦理原则20）。

上述原则虽然没有强制约束力，仅可被视为软法律，但是也表明了未来自动驾驶的立法和监管法规的设计方向。

7.2.2　航空工业

人工智能在航空工业的应用是多方面的。首先，它可能会影响飞机的设计和运行，带来有一天能够实现完全自动驾驶飞机的技术。此外，改变飞行员和系统之间关系的新的解决方案可能会出现，从而减少对人力资源的使用。人工智能技术还能用在飞机的预测性维修上，便于预测故障并提供预防性措施。大数据处理能改善空中交通管理、安全风险管理、网络安全、乘客信息共享等内容。随着碳排放成为关注的焦点，人工智能应用可以用于优化飞行轨迹或评估燃油消耗。[②]

145

就欧盟的监管方法而言，欧盟在超国家层面，根据三个层次的规则，对航空工业进行了广泛监管，结合了具有约束力的措施和不具有约束力的标准（即软法律）。有约束力的监管措施包括欧洲议会和欧盟委员会颁布的基本法规 2018/1139 及实施细则（欧盟委员会[③]颁布的授权或实施细

① 参见 Geneva Convention on Road Traffic (1949) and Vienna Convention on Road Traffic (1968).

② EASA, ‘Artificial Intelligence Roadmap. A Human-Centric Approach to AI in Aviation’ (2020 easa.europa.eu/ai) 7-11. 另请参见 Ruwantissa Abeyratne, *Legal Priorities in Air Transport* (2019 Springer) 214-221.

③ Regulation (EU) 2018/1139 of the European Parliament and of the Council of 4 July 2018 on common rules in the field of civil aviation and establishing a European Union Aviation Safety Agency (2018) OJ L 212/1.

则[①]）。此外，作为欧洲航空业的实际监管机构，欧盟航空安全局采用了非约束性标准，其形式包括认证规范（CS）、可接受的符合性方法（AMC）和指导材料（GM）。可接受的符合性方法，旨在说明如何确保遵守基本法规及实施规则。上述形式即使不产生额外的责任，也可提供法律确定性和促使一致实施有约束力的硬法律，这是其目标。根据欧盟航空安全局的政策，人工智能相关法规应该源于软法律，并以欧盟航空安全局通过的人工智能路线图为基础，在 2021—2035 年通过三个主要步骤分阶段达成目标。第一阶段，应制定关于增加人力援助和人机协作的指导方针。第二阶段从 2024 年开始，以整合框架为目标，起草更多自主机器指南。最后，第三阶段从 2029 年开始，以推动更多航空工业人工智能创新为目标，实现完全自主的商业航空运输运营。[②]

目前，无人机行业是航空工业发展最快的分支之一。[③]人工智能解决方案为无人机发展带来了新的机遇，主要集中在数据分析和导航领域。由人工智能驱动的软件已经被广泛使用，这些软件可以帮助警察、消防员和其他应急服务机构人员收集数据，用于应对公共安全威胁。[④]

在欧盟层面，即使无人机的运行受到统一的监管，目前适用的授权法规 2019/945[⑤]和实施细则 2019/947[⑥]并未就无人机运行的算法提供任何明确的指导。然而，根据《通用数据保护条例》通则中的数据保护和隐私保 146

① 参见 https://www.easa.europa.eu/regulations，获取于 2020 年 7 月 22 日。

② EASA, 'Artificial Intelligence Roadmap' (n 608) 13.

③ Pam Storr, Christine Storr, 'The Rise and Regulation of Drones: Are We Embracing Minority Report or WALL-E? ' in Marcelo Corrales, Mark Fenwick, Nikolaus Forgó (eds.), *Robotics AI and the Future of Law*, (Springer 2018) 105-108.

④ Sam Daley, 'Fighting Fires and Saving Elephants: How 12 Companies Are Using the AI Drone to Solve Big Problems', (10 March 2019) https://builtin.com/artificial-intelligence/drones-ai-companies，获取于 2020 年 7 月 22 日。

⑤ Commission Delegated Regulation (EU) 2019/945 of 12 March 2019 on unmanned aircraft systems and on third-country operators of unmanned aircraft systems (2019) OJ L 152/1.

⑥ Commission Implementing Regulation (EU) 2019/947 of 24 May 2019 on the rules and procedures for the operation of unmanned aircraft［2019］OJ L 152/45. 参见 Anna Konert, Tadeusz Dunin, 'A Harmonized European Drone Market?—New EU Rules on Unmanned Aircraft Systems (2020) 5 Advances in Science, Technology and Engineering Systems Journal 93-99.

护条款，以及无人机操作员的注册责任相关内容，如果操作员操作的无人机装载有能捕获个人数据的感应器，那么将会面临相关限制，这符合人工智能伦理准则通用规则。

7.2.3 金融行业

人工智能在金融领域的重要性与日俱增，有两个主要驱动因素：一是金融机构使用大量的数据，需要人工智能对其进行管理并加以利用；二是人工智能科技拥有一种能力，可以帮助企业在提高效率水平、降低成本和提升服务质量方面构建竞争优势。[①]金融行业广泛使用人工智能科技，主要集中在以下五个领域：合规、欺诈和反洗钱监测、贷款和信用评估、网络安全、贸易和投资决策。[②]金融行业也是多层次、多辖区监管已经到位的行业。在金融行业，软法律和硬法律相互交织，在全球市场运营的金融机构需要把国家、国际和超国家层面的法律纳入考虑范围。人工智能解决方案对金融科技行业的影响尤其巨大，此外，它也正在彻底改变监管合规性[③]，使得监管科技成为监管和科技互相融合的领域。[④]监管科技利用包括人工智能在内的新科技发展，以实现新形式的市场监控或报告流程，这在以前是不可能的。其中的主要例子包括反洗钱、了解客户合规要求或严格审查监管报告。[⑤]

147

无论金融行业出于何种目的使用人工智能科技，行业监管机构或相关

---

① Pamela L. Marcogliese, Colin D. Lloyd, Sandra M. Rocks, ‘Machine Learning and Artificial Intelligence in Financial Services’ (2018) Harvard Law School Forum on Corporate Governance https://corpgov.law.harvard.edu/2018/09/24/machine-learning-and-artificial-intelligence-in-financial-services/，取于 2020 年 7 月 22 日。

② Jon Truby, Rafael Brown, Andrew Dahdal, ‘Banking on AI: Mandating a Proactive Approach to AI Regulation in the Financial Sector’ (2020) 14 Law and Financial Markets Review 111-112.

③ 更多合规标准，参见 Tomasz Braun, *Compliance Norms in Financial Institutions. Measures, Case Studies and Best Practices* (Palgrave Macmillan 2019) 29-49.

④ 同上；Douglas W. Arner, Janos Barberis, Ross P. Buckley, ‘FinTech, RegTech and the Reconceptualization of Financial Regulation’ (2016) Northwestern Journal of International Law & Business, Forthcoming 13-17 https://ssrn.com/abstract=2847806，获取于 2020 年 7 月 22 日。

⑤ Douglas W. Arner et al. (n 619) 24.

行为体（如银行、金融科技公司、金融机构等）都需要应对共同的挑战。2017年，巴塞尔银行监管委员会发布了一份咨询文件，其中包含关于应对金融科技发展所带来的影响的良好实践。[①]报告除了列举与金融科技发展总体相关的几种特定风险类型外，还谈及了使用人工智能和机器学习等智能科技的风险（例如战略风险、系统性和特殊性方面的高运营风险、与反洗钱和数据隐私有关的合规要求风险、外包风险、网络风险、流动性风险等），巴塞尔银行监管委员会建议银行保证高效的信息技术系统和稳健的风险管理程序，以应对新出现的技术性风险，同时实施有效的控制机制以支持最重要的创新。[②]

一般而言，欧盟金融机构对人工智能方面的监管，应该与《可信赖的人工智能伦理指南》一书和未来的人工智能伦理法规保持一致。[③]未来应抓住关键，关注金融决策、基于数据集和责任的模型风险管理、网络安全、数据隐私和数据来源透明度等方面的偏见性和歧视性，并进一步制定详细措施。[④]

7.2.4 医疗行业

医疗行业从人工智能解决方案中获得巨大收益。医疗行业允许以改进公共卫生系统、诊断和疾病预防的方式，收集、处理并应用患者数据信息、医疗记录、诊断报告和临床研究。此外，鉴于欧洲的人口状况和老龄化的社会结构，可将人工智能科技用于支持老人护理和持续监控患者情况等领域。新的卫生服务行业分支正在兴起，如电子卫生[⑤]，这些行业分支包括了信息与通信技术在卫生领域的应用，尤其是移动卫生应 148

① Basel Committee on Banking Supervision, 'Sound Practices: Implications of Fintech Developments for Banks and Bank Supervisors' (Consultative Document) (2017) https://www.bis.org/bcbs/publ/d415.pdf，获取于2020年7月16日。

② 同上，28-30。

③ 参见 Pasquale (n 45) 127.

④ Truby et al. (n 617) 115.

⑤ 参见 WHO on e-health https://www.who.int/ehealth/en/，获取于2020年7月22日。

用程序。①

在欧洲，医疗卫生行业监管可信赖人工智能的方法应当包含欧盟基金（主要包括“地平线 2020”计划等）资助的研究、协调和实施关于人工智能的一般伦理规则、针对不断变化的科技环境而采取适当的立法措施以及对欧盟公民提供教育，使其了解人工智能给医疗卫生行业带来的风险、收益和伦理问题。②

在研究方面，欧盟委员会打算通过“地平线 2020”计划，支持建设医疗图像的通用数据库，致力于抗击癌症，改善癌症的诊断和治疗③，把基因组学知识库与罕见疾病记录相关联是另一个研究重点。在上述两种情况下，人工智能都是实现更好的诊断、支持临床研究和决策的工具。④

在医疗卫生行业中，数据质量和数据安全会影响诊断决策的质量，因此特别重要。而且，在医疗卫生行业所使用的人工智能系统中，数据处于中心位置，涉及患者生活中最私密的方面，具有敏感特性。此外，人工智能软件所做出的决策的可解释性也引起了特别的关注。这里存在严重的伦理问题：如果人工智能系统不能提供人类可理解的解释，但是我们知道在某些任务中，系统给出的结果比人类给出的结果更高明，我们是否接受该结果？⑤另一组问题是关于责任方面的。正如戈麦斯-冈萨雷斯（E. Gómez-González）指出的，对于大多数人工智能应用类型来说，都没有更新的监管标准。⑥随着这些科技的使用范围变得更广，我们应该确定责任分配问题。根据使用的人工智能应用类型的不同（机器人或软件）及该应用提供

---

① Chris Holder, Maria Iglesias (eds.), Jean-Marc Van Gyseghem, Jean-Paul Triaille, *Legal and Regulatory Implications of Artificial Intelligence. The Case of Autonomous Vehicles, mHealth and Data Mining* (Publication Office of the EU Luxembourg 2019) 19.

② Emilio Gómez-González, Emilia Gómez, *Artificial Intelligence in Medicine and Healthcare: Applications, Availability and Societal Impact* (Publication Office of the EU Luxembourg 2020) 45-46.

③ Commission, COM (2018) 795 final (n 3) 7.

④ Commission, COM (2018) 795 final annex (n 68) 15.

⑤ Gómez-González (n 627) 17.

⑥ 同上。

149

的动作和服务的不同，责任方案也会相应地不同。[①]在移动卫生解决方案下，生产方、医生甚至患者都有可能要承担责任。然而，这些问题通常是国家法律的监管范围，有些应用程序也可能带有包含责任内容的合同条款。[②]

在欧盟，医疗卫生行业中最广受监管的领域是医疗设备领域。目前，欧盟法规（EU）2017/745[③]是针对该领域的统一法规。根据法规第 2（1）条，医疗器械指“制造商针对下列一种或多种特定医疗目的，为人类设计的，可以单独或组合使用的任何仪器、装置、器具、软件、植入物、试剂、材料或其他物品：疾病的诊断、预防、监控、预测、预后、治疗或缓解；外伤或残疾的诊断、监控、治疗、缓解或补偿；解剖、生理或病理过程或状态的调查、替换或修改；通过对人体样本（包括捐赠的器官、血液和组织）进行体外检查提供信息，在人体内或人体上不能通过药理学、免疫学或代谢手段实现主要预期作用，但可通过这些手段辅助实现其功能”。

医疗器械广义上包括用于电子卫生、移动卫生或外科机器人的主要人工智能应用程序。当上述定义包含了人工智能应用程序时，其背后的公司（制造商或进口商），应该遵守详细的质量管理体系关于 CE 标志、恰当的标签、临床评估等的要求。[④]当前可用的医疗器械监管的主要特征，是拓

① 更多关于外科机器人和医疗设备责任的内容，参见 Chris Holder, Vikram Khurana, Fay Harrison, Louisa Jacobs, ‘Robotics and Law: Key Legal and Regulatory Implications of the Robotics Age (Part I of Ⅱ) ’ (2016) 32 Computer Law & Security Review 389-390; Chris Holder Vikram Khurana, Joanna Hook, Gregory Bacon, Rachel Day, ‘Robotics and Law: Key Legal and Regulatory Implications of the Robotics Age (Part Ⅱ of Ⅱ) ’ (2016) 32 Computer Law & Security Review 568-569; Shane O’Sullivan et al. ‘Legal, Regulatory, and Ethical Frameworks for Development of Standards in Artificial Intelligence (AI) and Autonomous Robotic Surgery’ (2018) 15 The International Journal of Medical Robotics and Computer Assisted Surgery 5-7.

② Van Gyseghem et al. (n 626) 23-24.

③ Regulation (EU) 2017/745 of the European Parliament and of the Council of 5 April 2017 on medical devices, amending Directive 2001/83/EC, Regulation (EC) No 178/ 2002 and Regulation (EC) No 1223/2009 and repealing Council Directives 90/385/ EEC and 93/42/EEC［2017］OJ L 117/1. 第 2017/745 号条例经 2020 年 4 月 23 日欧洲议会和欧盟理事会第 (EU) 2020/561 号条例 (2020) OJ L 130/18 就其某些条款的适用日期进行了修订。受到新冠疫情暴发和延期通过意愿的影响，修正案采用必要通用规范的日期延长至 2021 年 5 月 26 日。

④ Art. 10-13 of the regulation 2017/745.

宽监管范围以包括更多产品（大部分产品使用人工智能等新科技），扩大与有缺陷的产品相关的责任，并提高关于临床数据和医疗器械可追溯性的要求。[①]值得一提的是，除了硬法律，欧盟委员会还正式通过了针对医疗器械立法的非约束性《医疗器械警戒系统指南》。《医疗器械警戒系统指南》的通过，是共同监管的一个例证，它是由负责公共卫生安全的机构与利益攸关者（如行业协会、卫生专业协会、通知机构和欧洲标准化组织）共同起草的。[②]

7.2.5 军事和国防行业

人工智能在军事和国防行业的应用带来了最严重的伦理关切，即关于致命性自主武器系统的伦理问题。这个问题超出了国家政策甚至欧盟政策的范畴，由于它涉及国际人道主义法律和人权法律最基本的方面，因此在联合国层面也具有争议。

致命性自主武器系统是指，在激活后能够在无须人工控制的情况下，以武力跟踪、识别和攻击目标的系统。[③]武器系统的自主性可以从不同的角度来看，可以从考虑系统认知特征的角度来看，还可以从现有人类监督控制和人机交互的角度来看。[④]在欧盟采取的伦理框架中，后者与人类监督的要求紧密关联，采取人在环中、人在环上或人在环外等形式。

致命性自主武器系统的关键要素是“有意义的人类控制”，即在针对人类目标进行武力攻击时，必须包括一定形式的人类控制和监控。[⑤]正如

---

① Filippo Pesapane, Caterina Volonté, Marina Codari, Francesco Sardanelli, ‘Artificial Intelligence as a medical device in radiology: ethical and regulatory issues in Europe and the United States’ (2018) 9 Insights into Imagining 748.

② 参见 https://ec.europa.eu/health/sites/health/files/md_sector/docs/md_guidance_meddevs.pdf，获取于 2020 年 7 月 22 日。

③ Ingvild Bode, Hendrik Huelss, ‘Autonomous Weapons Systems and Changing Norms in International Relations’, (2018) 44 Review of International Studies 397; 另请参见 European Parliament, ‘Resolution of 12 September 2018 on Autonomous Weapon Systems’ (n 197).

④ Bode and Huelss (n 638) 397.

⑤ Noto La Diega (n 235) 3.

罗夫（H. M. Roff）和莫伊斯（R. Moyes）指出的，任何系统，一旦机器在没有人类控制的情况下使用武力，即与该条件相矛盾。此外，与这种理念相反的情况是，人类控制被简化为简单地按下按钮，而无须人类操作员具有清晰的思路或清楚的意识。[①]

151 致命性自主武器系统有可能从根本上改变武装冲突，使用该武器系统最具争议的问题是，在与结束人类生命相关的情况下，是否让系统自主做出决定并执行该决定，这似乎不可能符合法律和伦理准则。[②]根据人权观察组织和哈佛大学法学院国际人权诊所的研究，致命性自主武器系统无法遵守国际人道主义法律，这将在武装冲突中增加平民的伤亡数量[③]，这是国际社会就此议题展开辩论的主要原因。大家认为美国、以色列、韩国、俄罗斯、英国[④]等国正在开发、测试和部署此类武器系统，正如欧洲议会关于致命性自主武器系统的决议所述："有部分国家，具体数量不详，其公共资助行业和私营行业正在研究和开发致命性自主武器系统，具体包括具有目标选择能力的导弹和具有认知功能、能自主决定在何时、何处、对谁作战的学习机器。"[⑤]在这种背景下，我们应该记得，自 2013 年起，根据《联合国特定常规武器公约》，国际社会的成员展开了关于致命性自主武器系统的讨论。2016 年，《联合国特定常规武器公约》缔约方政府专家组成立。专家组受委托对此议题进行讨论，欧盟通过其外交事务和安全政策高级代表，利用该论坛表达欧盟关于致命性自主武器系统的立场，并与联合国就此问题展开磋商。不幸的是，在联合国层面，就监管致命性自主

① Heather M. Roff, Richard Moyes, 'Meaningful Human Control, Artificial Intelligence and Autonomous Weapons' (2016) Briefing Paper Prepared for the Informal Meeting of Experts on Lethal Autonomous Weapons Systems, UN Convention on Certain Conventional Weapons http://www.article36.org/wp-content/uploads/2016/04/ MHC-AI-and-AWS-FINAL.pdf，获取于 2020 年 7 月 22 日。

② Noto La Diega (n 235) 4-6.

③ 'Losing Humanity. The Case Against Killer Robots' (Report 2012) https://www.hrw.org/sites/default/files/reports/arms1112_ForUpload.pdf，获取于 2020 年 7 月 22 日。

④ Mary Wareham, 'Banning Killer Robots in 2017' https://www.hrw.org/news/2017/01/15/banning-killer-robots-2017，获取于 2020 年 7 月 22 日。

⑤ European Parliament, 'Resolution of 12 September 2018 on Autonomous Weapon Systems' (n 197).

武器系统达成具有约束力的共同方法的努力未能取得进展。未来两年，预计对该议题的辩论还将继续展开。[①]与此同时，2018 年，欧洲议会通过一项决议，明确呼吁在国际层面采纳具有法律效力的文书，禁止致命性自主武器系统，尤其是在目标选择和参与等关键功能上缺乏人类控制的武器系统。[②]欧洲的这种严格的做法，主要针对攻击性致命性自主武器系统。旨在保护自身平台、部队和民众免受敌方高度动态威胁的武器系统，不属于致命性自主武器系统范畴。[③]

152

7.2.6 公共行业——司法和行政

司法和公共当局可能是民主制度下最根本的部门，可以影响民主制度的正常运转，因此，其所使用的人工智能工具带来的影响尤其需要接受审查。人工智能科技在民主制度中的使用带来了很多好处，包括其在时效性和资源方面的优势。人工智能解决方案给公共服务带来了提高交付效率、改善交付效果的机会。[④]一方面，它能通过更优的服务质量和服务一致性来提高法律确定性水平；另一方面，它还能改进能瞄准选定目标的政策措施的应用、提高公共采购的有效性、加强安全和身份管理并改善社会服务。[⑤]在司法系统中，科技的发展有可能会增加使用司法程序的机会，减少解决争端所需的时间和成本。[⑥]在法律服务中，区块链技术的出现使智能合同成为可能，通过降低合同程序的执行成本，使之更加经济、快速和安全。[⑦]对

---

① Alexandra Brzozowski, ‘No Progress in UN Talks on Regulating Lethal Autonomous Weapons’ (22.11.2019) https://www.euractiv.com/section/global-europe/news/no-progress-in-un-talks-on-regulating-lethal-autonomous-weapons/，获取于 2020 年 7 月 22 日。

② European Parliament, ‘Resolution of 12 September 2018 on Autonomous Weapon Systems’ (n 197).

③ 同上。

④ Coglianese Lehr (n 48) 1160-1161.

⑤ Commission, COM (2018) 795 final (annex) (n 68) 20-21.

⑥ Sir Henry Brooke, ‘Algorithms, Artificial Intelligence and the Law’ (12 November 2019) Lecture for BAILII Freshfields Bruckhaus Deringer, London 3-4.

⑦ Stuart D. Levi, Alex B. Lipton, ‘An Introduction to Smart Contracts and Their Potential and Inherent Limitations’ (2018) Harvard Law School Forum on Corporate Governance 3 https://corpgov.law.harvard.edu/2018/05/26/an-introduction-to-smart-contracts-and-their-potential-and-inherent-limitations/，获取于 2020 年 7 月 22 日。

于公民和法律实体而言，基于人工智能的决策能通过整合广泛的公共利益或监管考虑，简化政府当局和受益人之间的关系。通过对话系统、多语言服务和自动翻译，人工智能可以带来公民与政府互动的新维度。此外，正如前文提到的，算法科技通过新的审议形式和平台向公民赋能，因此可能对民主参与机制产生重要影响。人工智能还开始用于选举或电子投票等传统宪法程序。

伴随益处共同出现的还有风险和挑战。要建设可靠的现代化司法体系和公共治理行业，必须遵守前文论及的所有伦理和法律要求。然而，鉴于人工智能解决方案是促成公民信任公共机构的载体和因素，该领域在科技信任方面尤其敏感。这里论及了欧洲社会最根本的方面，即民主。民主是欧盟价值论、宪法和政治的基础，如果欧洲要为人工智能制定标准，那么欧盟应该以通过设计保证法治、民主和人权为人工智能领域政策和法律制定的起点，在司法系统和公共治理方面尤其如此。① 153

一旦我们审视不同的政策举措，就会发现这些举措不一定会转化为具有约束力的立法措施，但会对欧盟和成员国层面的监管公共部门的运作产生影响，我们就会得出结论，欧盟委员会正在鼓励使用监管沙盒和新的测试形式，以详细论述公共采购人工智能解决方案或网络安全问题。欧盟委员会和成员国正计划共同开展同行学习，并在欧盟范围内开展最佳实践、经验和数据交流。该计划将鼓励欧盟成员国相互传播各自国家使用的应用程序信息和效果，以及该应用程序对欧盟公共服务行业服务质量和可靠性产生的影响。其中涉及一个需要确保和详细论述的问题，一旦由人工智能驱动的系统做出了某个公共决策，系统应该给出理由（可解释性发挥作用），且该决策应该接受行政法院的司法审查。用户应该得到承诺，一旦人工智能系统侵犯了其在适用法律下的权利，他们有权获得有效的补救措施。此外，在公共领域中，必要情况下，人工智能决策的对象或受益人应该能够切换成与人类对话。从设计之初，此类解决方案就使通过适当的机

① Nemmitz (n 3) 3.

制保证替代解决方案和程序成为必需，从而促进充分的人类监管。这对于系统的可审核性和透明度要求至关重要。[1]

欧洲拥有强大的公共部门，应该为在这一领域使用可信赖人工智能制定适当的标准。总的来说，欧盟在公共当局和司法领域的政策方向与电子政务概念有关。这一概念是指为了提高服务质量降低服务成本，使用高级数字科技（包括人工智能）和互联网平台，提供、交换和推进政府为公民和商业实体提供的服务。[2]除了这一主要目标之外，电子政务还提高了政府的透明度和信任度，向公民提供了更简便的公共信息获取方式，带来了更有效的公民参与方式，且无须使用大量的纸质文件，从而产生积极的环境影响。[3]

154

2017 年 10 月 6 日，在塔林通过的《关于电子政务的部长级宣言》确认了欧盟对建设现代电子政务的承诺。[4]来自欧盟和欧洲自由贸易区 32 个国家的电子政务政策部长，根据《欧盟 2016—2020 年电子政务行动计划》中提出的愿景，共同签署了《关于电子政务的部长级宣言》。[5]根据愿景，欧洲政府和公共当局“应开放、高效、包容，为所有公民和企业提供无边界、可互操作、个性化、用户友好、端到端的数字公共服务”[6]。与电子政务的主要政策方向保持一致，欧盟委员会支持并鼓励成员国为部署人工智能赋能服务的举措提供资金，以便更好地理解人工智能赋能公共服务和政策制定的附加价值和潜在影响，基于人工智能的解决方案还将为司法和执法部门带来利好。另外一个有可能应用该技术的公共领域是对商品、服务和人员单一市场规则的监控和执行。电子政务方面的所有创新，应保持人类与公共行政之间的高质量关系，并维护以人为本的方法。[7]

---

① HLEG AI, ‘Policy and Investment Recommendations for Trustworthy AI’ (n 5) 41.

② Omar Saeed Al-Mushayt, ‘Automating E-Government Services with Artificial Intelligence’ (2019) 7 IEEE Access, 146822.

③ 同上。

④ 参见 https://ec.europa.eu/digital-single-market/en/news/ministerial-declaration-egovernment-tallinn-declaration，获取于 2020 年 7 月 22 日。

⑤ Commission, ‘EU e-Government Action Plan 2016-2020. Accelerating the Digital Transformation of Government’ (Communication) COM (2016) 179 final.

⑥ 同上，2。

⑦ Commission COM (2018) 795 final (annex) (n 68) 20-21.

8

总　　结

在日本担任七国集团主席国后，全球对人工智能伦理的讨论越发热烈，2016 年，人工智能伦理列入重要议程。考虑到全球技术互联及人工智能数据交换和算法开发的发展，欧盟应继续努力，推动在国际层面就以人为本的人工智能达成共识。①

目前，算法技术在各个生活领域都呈指数级增长，全世界热议不断，因此，算法技术的国际推广至关重要。创新技术的开发和部署将受益于国际合作，尤其是投资加强研究和创新的国家间的合作。技术的不断国际化也带来了跨境挑战。部分挑战与需要制定的各种标准相关。尝试制定国际标准将促进新技术的部署和推广。对于人工智能来说，尤其如此。欧盟打算在国际范围内推广《人工智能伦理准则》，并与所有感兴趣的政府及其他共享同样价值观的利益攸关方展开广泛对话与合作。

为了在这方面取得成功，欧盟应调整其与不断变化的技术环境相关的外联工作，汇集一切力量，在全球范围内负责任地开发人工智能和其他数字应用。欧盟需要重新思考是否有机会就这一议题达成一致，并推动建立共同立场。为了增强自己的声音，欧盟应与其成员国以及科技公司、学术界、影响者、行业和消费者代表等利益攸关方一起，建立负责任的技术联盟。欧盟应努力组织国际对话，就人工智能可能产生的伦理影响达成全球共识。欧盟可以利用一系列现有工具，就监管和伦理问题与国际合作伙伴

---

① Commission, COM (2019) 168 final (n 6) 8.

156 进行接触。此外更雄心勃勃的建议是，可以组织一个类似于气候变化专门委员会的政府间合作组织。在人工智能政策的国际安全这一特定层面上，可以在全球技术小组高级代表、联合国内部以及其他多边论坛建立类似合作机制。

欧盟应该利用自身专业知识和有针对性的财政计划，将人工智能纳入其更广泛的发展政策中。人工智能作为应对全球挑战的工具，几乎没有什么能与之匹敌。更广泛地说，数字技术可以支持合理的解决方案，包括在不损害伦理和隐私的情况下，为处于不稳定环境中的人们提供解决方案。例如，欧盟可以帮助支持在发展政策中更坚定地部署人工智能，该政策可以集中用于地中海南部和非洲。①

欧盟可以通过加强各利益攸关方的多层次合作，探索实现融合的程度，在全球范围内率先制定人工智能指导方针和相关的评估框架。欧盟可以与其他国家和组织一起，推动起草伦理准则，建立志同道合的国家小组，为更广泛的讨论做准备。②

欧盟还可以通过测试和验证来探索全世界的公司和机构是否能够为形成人工智能伦理准则做出贡献。欧盟需要继续发挥驱动作用，推动全球讨论和倡议，让其他利益攸关方和非欧盟国家进行对话，共就以人为本的可信赖人工智能达成共识。③

这可能是一个机会，可以缓解全球性的、列入联合国可持续发展目标中的紧迫挑战，如人口老龄化、社会不平等和污染问题等④。数字技术能够帮助解决的问题不胜枚举，积极利用数字技术，尤其是人工智能技术，可以帮助解决部分挑战。⑤例如，作为世界各国政府的关键优先事项，气候变化可以通过部署数字工具减少人为环境影响，并使自然资源和能源得

---

① Commission, COM (2018) 795 final (n 3) 20-21.

② Regulation (EU) No 234/2014 of the European Parliament and of the Council of 11 March 2014 establishing a Partnership Instrument for cooperation with third countries［2014］OJ L 77/77.

③ Commission, COM (2019) 168 final (n 6) 8-9.

④ 参见 https://sustainabledevelopment.un.org/? menu=1300，获取于 2020 年 7 月 22 日。

⑤ HLEGoAI, 'Ethics Guidelines for Trustworthy AI' (n 134) 32.

到有效利用。[①]可信赖的人工智能可以更准确地采集、处理、分析和检测能源需求并提出建议，这将有助于能源的有效使用和消费。[②]

与此同时，欧盟应在全球竞争的背景下创造一个高效的投资环境。欧盟的新计划为加强人工智能投资构建了坚实的框架。然而，在营造更加有利的环境方面，欧盟还需做更多工作，这就需要私营部门等多方利益攸关者组成的行业联盟大力参与进来，加强政策制定者、监管者、行业、学术界和社会之间的信任。只有这样，方能确保在可信赖人工智能领域进行所需的投资。 157

为了实现这些目标，欧盟必须制定一项具有长远眼光的雄心勃勃的整体战略，通过创建一个友好的监管和治理框架，持续监测和调整有影响力的纠正措施，抓住机遇，应对新出现的挑战。在全球经济竞争的背景下，掌握快速、持续地应用和学习所有必要措施的能力是不可或缺的。迄今，很多报告、政策文件以及学术界的大力参与都为这一持久战略奠定了基础。在此基础上，有必要进一步提出跨部门建议，以确定各战略部门应采取哪些行动，同时要考虑到给不同领域带来的影响以及可以促成这些行动的因素。

人工智能带来的重大机遇就在眼前。现在正是为抓住机遇而做好准备的最佳时刻。各级政策制定者都应该意识到这种紧迫感，立刻采取行动，推动应用可信赖的人工智能的发展，造福个人和社会。[③]

---

① 参见 the Commission BRIDGE initiative, supporting EU projects aiming at digitally driven energy transition https://www.h2020-bridge.eu/，获取于 2020 年 7 月 22 日。

② 参见，例如 the Encompass project http://www.encompass-project.eu，获取于 2020 年 7 月 22 日。

③ HLEG AI, ‘Policy and Investment Recommendations’ (n 5) 49.

参考资料

文　献

1 Abbott Ryan, 'The Reasonable Computer: Disrupting the Paradigm of Tort Liability' (2018) *86 George Washington Law Review* 1-45.

2 Abbott Ryan, Sarch Alex F., 'Punishing Artificial Intelligence: Legal Fiction or Science Fiction' (2019) *53 UC Davis Law Review* 323-384.

3 Abeyratne Ruwantissa, *Legal Priorities in Air Transport* (Springer 2019).

4 Adner Ron, 'Match Your Innovation Strategy to Your Innovation Ecosystem' (2006) *Harvard Business Review* https://hbr.org/2006/04/match-your-innovation-strategy-to-your-innovation-ecosystem accessed 22 July 2020.

5 Allen Robin, Masters Dee, 'Artificial Intelligence: The Right to Protection From Discrimination Caused by Algorithms, Machine Learning and Automated Decision-Making' (2019) ERA Forum https://doi.org/10.1007/s12027-019-00582-w accessed 22 July 2020.

6 Amato Cristina, 'Product Liability and Product Security: Present and Future' in Sebastian Lohsse, Reiner Schulze, Dirk Staudenmayer (eds.), *Liability for Artificial Intelligence and the Internet of Things. Muenster Colloquia on EU Law and the Digital Economy IV* (Hart Publishing, Nomos 2019).

7 Arner Douglas W., Barberis Janos, Buckley Ross P., 'FinTech, RegTech and the Reconceptualization of Financial Regulation' (2016) *Northwestern Journal of International Law & Business*, Forthcoming, https://ssrn.com/abstract=2847806 accessed 22 July 2020.

8 Barfield Woodrow, Pagallo Ugo (eds.), *Research Handbook on the Law of Artificial Intelligence* (Edward Elgar 2018).

9 Barocas Solon, Hardt Moritz, Narayanan Arvind, 'Fairness and Machine Learning. Limitations and Opportunities' https://fairmlbook.org/ accessed 22 July 2020.

10 Barocas Solon, Selbst Andrew D., 'Big Data's Disparate Impact' (2016) *104 California Law Review* 671-732.

11 Beever Jonathan, McDaniel Rudy, Stamlick Nancy A., *Understanding Digital Ethics. Cases and Contexts* (Routledge 2020).

12 Bernitz Ulf et al. (eds.), *General Principles of EU law and the EU Digital Order* (Kluwer Law International 2020).

13 Bevir Mark, Phillips Ryan (eds.), *Decentring European Governance* (Routledge 2019).

14 Black Julia, 'Learning from Regulatory Disasters', (2014) 24 LSE Law, Society and Economy Working Papers 3. http://dx.doi.org/10.2132519934 accessed 22 July 2020.

15 Black Julia, 'Decentring Regulation: Understanding the Role of Regulations and Self-Regulation in a Post-Regulatory World' (2001) *54 Current Legal Problems* 103-146.

16 Black Julia, Murray Andrew D., 'Regulating AI and Machine Learning: Setting the Regulatory Agenda' (2019) *10 European Journal of Law and Technology* 1-21 http://eprints.lse.ac.uk/102953/ accessed 22 July 2020.

17 Blodget-Ford S. J., 'Future Privacy: A Real Right to Privacy for Artificial Intelligence' in Woodrow Barfield, Ugo Pagallo (eds.), *Research Handbook on the Law of Artificial Intelligence* (Edward Elgar 2018).

18 Boddington Paula, *Towards a Code of Ethics for Artificial Intelligence, Artificial Intelligence: Foundations, Theory, and Algorithms* (Springer Int. Publishing 2017).

19 Bode Ingvild, Huelss Hendrik, 'Autonomous Weapons Systems and Changing Norms in International Relations', (2018) *44 Review of International Studies* 397.

20 Bojarski Łukasz, Schindlauer Dieter, Wladasch Katerin (eds.), The Charter of Fundamental Rights as a Living Instrument. Manual (CFREU 2014) 9-10 https://bim.lbg.ac.at/sites/files/bim/attachments/cfreu_manual_0.pdf accessed 22 July 2020.

21 Borghetti Jean-Sebastien, 'How Can Artificial Intelligence Be Defective?' in Sebastian Lohsse, Reiner Schulze, Dirk Staudenmayer (eds.), *Liability for Artificial Intelligence and the Internet of Things. Muenster Colloquia on EU Law and the Digital Economy Ⅳ* (Hart Publishing, Nomos 2019).

22 Braun Tomasz, *Compliance Norms in Financial Institutions. Measures, Case Studies and Best Practices* (Palgrave Macmillan 2019).

23 Brkan Maja, 'Do Algorithms Rule the World? Algorithmic Decision-Making and Data

Protection in the Framework of the GDPR and Beyond' (2019) *27 International Journal of Law and Information Technology* 91-121.

24 Brooke Sir Henry, '*Algorithms, Artificial Intelligence and the Law*' (12 November 2019) Lecture for BAILII Freshfields Bruckhaus Deringer, London.

25 Brownsword Roger, *Law, Technology and Society. Re-imagining the Regulatory Environment* (Routledge 2019).

26 Bryson Alex, Barth Erling, Dale-Olsen Harald, 'The Effects of Organizational Change on Worker Well-Being and the Moderating Role of Trade Unions' (2013) 66 ILR Review 989-1011.

27 J. Bryson Joanna, E. Diamantis Mihailis, D. Grant Thomas, 'Of, for, and by the People: The Legal Lacuna of Synthetic Persons' (2017) *25 Artificial Intelligence Law* 273-291.

28 Bua Adrian, R. Escoba Oliver, 'Participatory-Deliberative Processes and Public Agendas: Lessons for Policy and Practice' (2018) 1 *Policy Design and Practice* 2 126-140.

29 Burri Thomas, 'Free Movement of Algorithms: Artificially Intelligent Persons Conquer the European Union's Internal Market' in Woodrow Barfield, Ugo Pagallo (eds.), *Research Handbook on the Law of Artificial Intelligence* (Edward Elgar 2018).

30 Busby Helen, K. Hervey Tamara, Mohr Alison, 'Ethical EU Law? The Influence of the European Group on Ethics in Science and New Technologies' (2008) *33 European Law Review* 803-842.

31 Bussani Mauro, Palmer Vernon Valentine, 'The Liability Regimes of Europe—Their Façades and Interiors' in Mauro Bussani, Vernon Vaalentine Palmer (eds.), *Pure Economic Loss in Europe* (Cambridge University Press 2011 reprint).

32 Bussani Mauro, Palmer Vernon Valentine (eds.), *Pure Economic Loss in Europe* (Cambridge University Press 2011 reprint).

33 Casanovas Pompeu et al. (eds.), *AI Approaches to the Complexity of Legal Systems* (Springer 2014).

34 Castets-Renard Celine, 'The Intersection Between AI and IP: Conflict or Complementarity' (2020) 51 *ICC-International Review of Intellectual Property and Competition Law* 141-143.

35 Cath Corinne et al., 'Artificial Intelligence and the 'Good Society': The US, EU, and UK Approach, Science and Engineering Ethics' (2017) 24 *Science and Engineering Ethics* 507-528.

36 Cath Corinne, 'Governing Artificial Intelligence: Ethical, Legal and Technical Opportunities and Challenges' (2018) 376 *Philosophical Transactions A, The Royal Society* 1-8.

37 Cihon Peter, 'Standards for AI Governance: International Standards to Enable Global

Coordination in AI Research and Development' (2019) https://www/fhi.ox.ac.uk/wp-content/uploads/Standards_-FHI-Technical-Report.pdf accessed 22 July 2020.

38 Coglianese Cary, Lehr David, 'Regulating by Robot: Administrative Decision Making in the Machine-Learning Era' (2017) *105 Georgetown Law Journal* 1147-1223.

39 Comande Giovanni, 'Multilayered (Accountable) Liability for Artificial Intelligence' in Sebastian Lohsse, Reiner Schulze, Dirk Staudenmayer (eds.), *Liability for Artificial Intelligence and the Internet of Things. Muenster Colloquia on EU Law and the Digital Economy Ⅳ* (Hart Publishing, Nomos 2019).

40 Cavoukian Ann, 'Privacy by Design. The 7 Foundational Principles. Implementation and Mapping of Fair Information Practices' https://iapp.org/media/pdf/resource_center/pbd_implement_7found_principles.pdf accessed 22 July 2020.

41 A. Cubert Jeremy, G.A. Bone Richard, 'The Law of Intellectual Property Created by Artificial Intelligence' in Woodrow Barfield, Ugo Pagallo (eds.), *Research Handbook on the Law of Artificial Intelligence* (Edward Elgar 2018).

42 Danaher John, 'Algocracy as Hypernudging: A New Way to Understand the Threat of Algocracy' (2017). https://ieet.org/index.php/IEET2/more/Danaher20170117?fbclid=IwAR3gm6lIWN8Twb8bE6lTIdtintwhYSWF2FTDkRGzMslxa8XTD4bGgoQJiXw accessed 22 July 2020.

43 Danaher John, 'The Threat of Algocracy: Reality, Resistance and Accommodation' (2016) *29 Philosophy and Technology* 245-268.

44 Valerio de Stefano, 'Negotiating the Algorithm: Automation, Artificial Intelligence and Labour Protection' (2018) *International Labour Office*, Employment Working Paper No. 246, 5.

45 Dignum Virginia et al., 'Ethics by Design: Necessity or Curse?' (2018) AIES Proceedings of the 2018 AAAI/AM Conference o AI, Ethics, and Society 60-66.

46 Dopierała Renata, 'Prywatność w perspektywie zmiany społecznej' (Nomos 2013).

47 Doran Derek, Schulz Sarah, R Besold Tarek, 'What Does Explainable AI Really Mean? A New Conceptualization Perspectives' (2017) arXiv: 1710.00791 accessed 22 July 2020.

48 Elstub Stephen, Escobar Oliver, 'A Typology of Democratic Innovations', Paper for the Political Studies Association's Annual Conference, 10th - 12th April 2017, Glasgow, https://www.psa.ac.uk/sites/default/files/conference/papers/2017/A%20Typology%20of%20Democratic%20Innovations%20-%20Elstub%20and%20Escobar%202017.pdf accessed 22 July 2020.

49 Falcone R., Singh Munindar, Tan Yao Hua (eds.), Trust in Cyber-Societies: Integrating the Human and Artificial Perspectives (Springer 2001).

50 Felzman Heike et al., ‘Transparency You Can Trust: Transparency Requirements for Artificial Intelligence Between Legal Norms and Contextual Concerns’ (2019) Big Data & Society, Jan-June 1-14.

51 Fjelland Ragnar, ‘Why General Artificial Intelligence Will Not Be Realized’ (2020) *7 Humanities and Social Sciences Communications* 1-9.

52 Floridi Luciano et al., ‘AI4 People–An Ethical Framework for a Good Society: Opportunities, Risks, Principles and Recommendations’ (2018) *28 Minds and Machines* 689-707.

53 Floridi Luciano, ‘Soft Ethics and the Governance of the Digital’ (2018) *31 Philosophy & Technology* 1-8.

54 Floridi Luciano, *The 4th Revolution. How Infosphere Is Reshaping Human Reality* (Oxford University Press 2016).

55 Fosch Villaronga Eduard, Kieseberg Peter, Li Tiffany, ‘Humans Forget, Machines Remember: Artificial Intelligence and the Right to Be Forgotten’ (2017) Computer Security and Law Review (forthcoming) https://ssrn.com/abstract=3018186 accessed 22 July 2020.

56 Freitas M. Pedro, Andrale Francisco, Novais Paulo, ‘Criminal Liability of Autonomous Agents: From the Unthinkable to the Plausible’ in Pompeu Casanovas et al. (eds.), *AI Approaches to the Complexity of Legal Systems* (Springer 2014).

57 Gal Michal S., Elkin-Koren Niva, ‘Algorithmic Consumers’ (2017) *30 Harvard Journal of Law and Technology* 309-353.

58 Galand-Carval Suzanne, ‘Comparative Report on Liability for Damage Caused by Others’, in Spier Jaap (ed.), *Unification of Tort Law: Liability for Damage Caused by Others* (Kluwer Law International 2003).

59 Gasson Susan, ‘Human-Centered vs. User-Centered Approaches to Information System Design’ (2003) *5 The Journal of Information Technology Theory and Application* 29-46.

60 Geissel Brigitte, ‘Introduction: On the Evaluation of Participatory Innovations’ in Geissel Brigitte, Joas Marko (eds.), *Participatory Democratic Innovations in Europe: Improving the Quality of Democracy?* (Barbara Budrich Publishers 2013).

61 Geissel Brigitte, Joas Marko (eds.), *Participatory Democratic Innovations in Europe: Improving the Quality of Democracy?* (Barbara Budrich Publishers 2013).

62 Geslevich Packin, Lev-Aretz Yafit Nizan, ‘Learning Algorithms and Discrimination’ in Woodrow Barfield and Ugo Pagallo (eds.), *Research Handbook on the Law of Artificial Intelligence* (Edward Elgar 2018).

63 Gogoll Jan, F. Müller Julian, ‘Autonomous Cars: In Favour of a Mandatory Ethics

Setting' (2017) *23 Science and Engineering Ethics* 681-700.

64 Gómez-González Emilio, Gómez Emilia, 'Artificial Intelligence in Medicine and Healthcare: Applications, Availability and Societal Impact' (Publication Office of the EU Luxembourg 2020).

65 Gonschior Agata, 'Ochrona danych osobowych a prawo do prywatności w Unii Europejskiej' in Dagmara Kornobis-Romanowska (ed.), *Aktualne problemy prawa Unii Europejskiej i prawa międzynarodowego - aspekty teoretyczne i praktyczne* (E-Wydawnictwo. Prawnicza i Ekonomiczna Biblioteka Cyfrowa. Wydział Prawa, Administracji i Ekonomii Uniwersytetu Wrocławskiego 2017).

66 Goodall Noah J., 'Away from Trolley Problems and Toward Risk Management' (2016) 30 *Applied Artificial Intelligence* 810-821.

67 Goodman Bryce, Flaxman Seth, 'European Union Regulations on Algorithmic Decision-Making and a Right to Explanation' (2016) arXiv: 1606.08813 accessed 22 July 2020.

68 Grimm Dieter, Kemmerer Alexandra, Möllers Christoph (eds.), *Human Dignity in Context. Explorations of a Contested Concept* (Hart Publishing, Nomos 2018).

69 Hacker Philipp, 'Teaching Fairness to Artificial Intelligence: Existing and Novel Strategies Against Algorithmic Discrimination Under EU Law' (2018) *55 Common Market Law Review* 1143-1185.

70 Hallevy Gabriel, 'The Criminal Liability of Artificial Intelligence Entities' (2010) Ono Academic College, Faculty of Law https://papers.ssrn.com/sol3/papers.cfm?abstract_id=1564096 accessed 22 July 2020.

71 Hancke T., Besant C.B., Ristic M., Husband T.M., 'Human-Centred Technology' (1990) *23 IFAC Proceedings Volumes* 59-66.

72 Herber Zech, 'Liability for Autonomous Systems: Tackling Specific Risks of Modern IT' in Sebastian Lohsse, Reiner Schulze, Dirk Staudenmayer (eds.), *Liability for Artificial Intelligence and the Internet of Things. Muenster Colloquia on EU Law and the Digital Economy IV* (Hart Publishing, Nomos 2019).

73 Hildebrandt Mireille, *Smart Technologies and the End (s) of Law* (Edward Elgar 2015).

74 Hilgendorf Eric, 'Problem Areas in the Dignity Debate and the Ensemble Theory of Human Dignity' in Dieter Grimm, Alexandra Kemmerer, Christoph Möllers (eds.), *Human Dignity in Context. Explorations of a Contested Concep*t (Hart Publishing, Nomos 2018).

75 Himmelreich Johannes, 'Never Mind the Trolley: The Ethics of Autonomous Vehicles in Mundane Situations' (2018) 21 *Ethical Theory and Moral Practice* 669-684.

76 Holder Chris, Khurana Vikram, Harrison Fay, Jacobs Louisa, 'Robotics and Law: Key

Legal and Regulatory Implications of the Robotics age (Part I of Ⅱ) ' (2016) *32 Computer Law & Security Review* 383-402.

77 Holder Chris, Khurana Vikram, Hook Joanna, Bacon Gregory, Day Rachel, 'Robotics and Law: Key Legal and Regulatory Implications of the Robotics Age (Part Ⅱ of Ⅱ) ' (2016) *32 Computer Law & Security Review* 557-576.

78 Holzinger Andreas, et al., 'What Do We Need to Build Explainable AI Systems for the Medical Domain' (2017) 3-6 arXiv: 1712.09923v1 accessed 22 July 2020.

79 Howard Ayanna, Borenstein Jason, 'The Ugly Truth About Ourselves and Our Robot Creations: The Problem of Bias and Social Inequity' (2018) *24 Science and Engineering Ethics* 1521-1536.

80 Jabłonowska Agnieszka, et al., 'Consumer Law and Artificial Intelligence. Challenges to the EU Consumer Law and Policy Stemming from the Business' Use of Artificial Intelligence', Final report of the ARTSY project EUI Working Papers Law 2018/11.

81 Jano Dorian, 'Understanding the 'EU Democratic Deficit': A Two Dimension Concept on a Three Level-of-Analysis' (2008) *14 Politikon IAPSS Journal of Political Science* 61-74.

82 Jirjahn Uwe, Smith Stephen 'What Factors Lead Management to Support or Oppose Employee Participation—With and Without Works Councils? Hypotheses and Evidence from Germany' (2006) *45 Industrial Relations: A Journal of Economy and Society* 650-680.

83 Johnston David (ed.), *The Cambridge Companion to Roman Law* (Cambridge University Press 2015).

84 Karner Ernst, 'Liability for Robotics: Current Rules, Challenges, and the Need for Innovative Concepts' in Sebastian Lohsse, Reiner SchulzeDirk Staudenmayer (eds.), *Liability for Artificial Intelligence and the Internet of Things. Muenster Colloquia on EU Law and the Digital Economy Ⅳ* (Hart Publishing, Nomos 2019).

85 Karner Ernst, Oliphant Ken, Steininger Barbara C. (eds.), *European Tort Law: Basic Texts* (Jan Sramek Verlag 2018).

86 Keats Citron Danielle, Pasquale Frank, 'The Scored Society: Due Process for Automated Predictions' (2014) 89 Washington Law Review 1-33.

87 Kelsen Hans, *General Theory of Law and State* (A. Wedberg tr., Harvard University Press, 1945).

88 Konert Anna, Dunin Tadeusz, 'A Harmonized European Drone Market? - New EU Rules on Unmanned Aircraft Systems' (2020) *5 Advances in Science, Technology and Engineering Systems Journal* 93-99.

89 Kornobis-Romanowska Dagmara (ed.), *Aktualne problemy prawa Unii Europejskiej i*

prawa międzynarodowego - aspekty teoretyczne i praktyczne (E-Wydawnictwo. Prawnicza i Ekonomiczna Biblioteka Cyfrowa. Wydział Prawa, Administracji i Ekonomii Uniwersytetu Wrocławskiego 2017).

90 Koziol Helmut, 'Comparative Conclusions' in Helmut Koziol (ed.), *Basic Questions of Tort Law from a Comparative Perspective* (Jan Sramek Verlag 2015).

91 Krick Eva, Gornitzka Åse, 'The Governance of Expertise Production in the EU Commission's 'High Level Groups'. Tracing Expertisation Tendencies in the Expert Group System' in Mark Bevir, Ryan Phillips (eds.), *Decentring European Governance* (Routledge 2019).

92 Kuner Christopher et al., 'Machine Learning with Personal Data: Is Data Protection Law Smart Enough to Meet the Challenge' (2017) *7 International Data Privacy Law* 1-2.

93 Levi Stuart D., Lipton Alex B., 'An Introduction to Smart Contracts and Their Potential and Inherent Limitations' (2018) *Harvard Law School Forum on Corporate Governance* https://corpgov.law.harvard.edu/2018/05/26/an-introduction-to-smart-contracts-and-their-potential-and-inherent-limitations/ accessed 22 July 2020.

94 Lohsse Sebastian, Schulze Reiner, Staudenmayer Dirk (eds.), *Liability for Artificial Intelligence and the Internet of Things. Muenster Colloquia on EU Law and the Digital Economy Ⅳ* (Hart Publishing, Nomos 2019).

95 Luetge Christoph, 'The German Ethics Code for Automated and Connected Driving' (2017) *30 Philosophy and Technology* 547-558.

96 Łuków Paweł, 'A Difficult Legacy: Human Dignity as the Founding Value of Human Rights' (2018) *19 Human Rights Review* 313-329.

97 Magnus Urlich, 'Why Is US Tort Law So Different?' (2010) *1 Journal of European Tort Law* 102-124.

98 Makridakis Spyros, 'The Forthcoming Artificial Intelligence Revolution' (2017) 1 Neapolis University of Paphos (NUP), Working Papers Series https://www. researchgate. net/publication/
312471523_The_Forthcoming_Artificial_Intelligence_AI_Revolution_Its_Impact_on_Society_and_Firms accessed 20 July 2020.

99 Marchant Gary E., 'The Growing Gap Between Emerging Technologies and the Law' in Gary E. Marchant, Braden R. Allenby, Joseph R. Herkert (eds.), *The Growing Gap Between Emerging Technologies and Legal-Ethical Oversight. The Pacing Problem* (Springer 2011).

100 Marchant Gary E., Allenby Braden R., Herkert Joseph R. (eds.), *The Growing Gap Between Emerging Technologies and Legal-Ethical Oversight. The Pacing Problem*

(Springer 2011).
101 Marcogliese Pamela L., Lloyd Colin D., Rocks Sandra M., 'Machine Learning and Artificial Intelligence in Financial Services' (2018) Harvard Law School Forum on Corporate Governance https://corpgov.law.harvard.edu/2018/09/24/machine-learning-and-artificial-intelligence-in-financial-services/ accessed 22 July 2020.
102 Martinez Rex, 'Artificial Intelligence: Distinguishing Between Types & Definitions' (2019) *19 Nevada Law Journal* 1015-1042.
103 McCrudden Christopher, 'Human Dignity and Judicial Interpretation of Human Rights' (2008) *19 European Journal of International Law* 655-724.
104 Mcknight D. Harrison, Chervany Norman L., 'Trust and Distrust Definitions: One Bite at a Time' in Rino Falcone, Munindar Singh, Yao Hua Tan (eds.), *Trust in Cyber-societies: Integrating the Human and Artificial Perspectives* (Springer 2001).
105 Metz Julia, 'Expert Groups in the European Union: A Sui Generis Phenomenon?' (2013) *32 Policy and Society* 267-278.
106 Michie Jonathan, Sheehan Maura, 'Labour Market Deregulation, "Flexibility" and Innovation' (2003) *27 Cambridge Journal of Economics* 123-143.
107 Nemitz Paul, 'Constitutional Democracy and Technology in the Age of Artificial Intelligence' (2018) *376 Philosophical Transactions A, The Royal Society 3* https://ssrn.com/abstract=3234336 accessed 20 July 2020.
108 Noto La Diega Guido, 'The Artificial Conscience of Lethal Autonomous Weapons: Marketing Ruse or Reality' (2018) *1 Law and the Digital Age* 1-17.
109 Nyholm Sven, Smids Jilles, 'The Ethics of Accident-Algorithms for Self-Driving Cars: an Applied Trolley Problem?' (2016) *19 Ethical Theory and Moral Practice* 1275-1289.
110 O'Sullivan Shane et al., 'Legal, Regulatory, and Ethical Frameworks for Development of Standards in Artificial Intelligence (AI) and Autonomous Robotic Surgery (2018) *15 The International Journal of Medical Robotics and Computer Assisted Surgery* 1968-1970.
111 Pagallo Ugo et al., 'AI4 People. Report on Good AI Governance. 14 Priority Actions, a S.M.A.R.T. Model of Governance, and a Regulatory Toolbox' (2019) 11 https://www.eismd.eu/wp-content/uploads/2019/11/AI4Peoples-Report-on-Good-AI-Governance_compressed.pdf accessed 22 July 2020.
112 Pagallo Ugo, '*Apples, Oranges, Robots: Four Misunderstandings in Today's Debate on the Legal Status of AI Systems' (2018) 376 Philosophical Transactions Royal Society A* 1-16.
113 Pagallo Ugo, Quattrocolo Serena, 'The Impact of AI on Criminal Law, and Its Twofold

Procedures' in Woodrow Barfield, Ugo Pagallo (eds.), *Research Handbook on the Law of Artificial Intelligence* (Edward Elgar 2018).

114 Pasquale Frank, The Black Box Society. *The Secret Algorithms That Control Money and Information* (Harvard University Press 2015).

115 Pesapane Filippo, Volonté Caterina, Codari Marina, Sardanelli Francesco, 'Artificial Intelligence as a Medical Device in Radiology: Ethical and Regulatory Issues in Europe and the United States' (2018) 9 *Insights into Imagining* 745-753.

116 Prince Anya E. R., Schwarcz Daniel, 'Proxy Discrimination in the Age of Artificial Intelligence and Big Data' (2020) *105 Iowa Law Review* 1257-1318.

117 Riedl Mark O., 'Human-centered Artificial Intelligence and Machine Learning' (2018) *33 Human Behaviour and Emerging Technologies* 1-8.

118 Roff Heather M., Moyes Richard, 'Meaningful Human Control, Artificial Intelligence and Autonomous Weapons' (2016) Briefing paper prepared for the Informal Meeting of Experts on Lethal Autonomous Weapons Systems, UN Convention on Certain Conventional Weapons http://www.article36.org/wp-content/uploads/2016/04/MHC-AI-and-AWS-FINAL.pdf accessed 22 July 2020.

119 Russel Stuart, Dewey Daniel, Tegmark Max, 'Research Priorities for Robust and Beneficial Artificial Intelligence' (2015) *36 AI Magazine* 105-114.

120 Russel Stuart, Norvig Peter, *Artificial Intelligence. A Modern Approach* (3rd edition, Prentice Hall 2010).

121 Saeed Al-Mushayt Omar, 'Automating E-Government Services with Artificial Intelligence' (2019) *7 IEEE Access*, 146822.

122 Safjan Marek, 'Prawo do ochrony życia prywatnego' in *Szkoła Praw Człowieka* (Helsińska Fundacja Praw Człowieka Warszawa 2006).

123 Savaget Paulo, Chiarini Tulio, Evans Steve, 'Empowering Political Participation Through Artificial Intelligence' (2018) *46 Science and Public Policy* 369-380.

124 Sax Marijn, Helberger Natali, Bol Nadine, 'Health as Means Towards Profitable Ends: mHealth Apps, User Autonomy, and Unfair Commercial Practices' (2018) *41 Journal of Consumer Policy* 103-134.

125 Schuller Allan, 'At the Crossroads of Control: The Intersection of Artificial Intelligence in Autonomous Weapon Systems with International Humanitarian Law' (2017) *8 Harvard National Security Journal* 379-425.

126 Schwartz Paul M., 'Global Data Privacy: The EU Way' (2019) *94 New York University Law Review* 771-818.

127 Sirks A. J. B., 'Delicts' in David Johnston (ed.), The Cambridge Companion to Roman

Law (Cambridge University Press 2015).

128 Smith Graham, *Democratic Innovations. Designing Institutions for Citizen Participation* (Cambridge University Press 2009).

129 Solaiman S. M., 'Legal Personality of Robots, Corporations, Idols and Chimpanzees: A Quest for Legitimacy' (2017) *25 Artificial Intelligence Law* 155-179.

130 Spier Jaap (ed.), *Unification of Tort Law: Liability for Damage Caused by Others* (Kluwer Law International 2003).

131 Spindler Gerald, 'User Liability and Strict Liability in the Internet of Things and for Robots' in Sebastian Lohsse, Reiner Schulze, Dirk Staudenmayer (eds.), *Liability for Artificial Intelligence and the Internet of Things. Muenster Colloquia on EU Law and the Digital Economy Ⅳ* (Hart Publishing, Nomos 2019).

132 Storr Pam, Storr Christine, 'The Rise and Regulation of Drones: Are We Embracing Minority Report or WALL-E?' in Marcelo Corrales, Mark Fenwick, Nikolaus Forgó (eds.), *Robotics AI and the Future of Law* (Springer 2018).

133 Surden Harry, 'Ethics f AI in Law: Basic Questions' in Forthcoming chapter in Oxford Handbook of Ethics of AI (2020) 731 https://ssrn.com/abstract=3441303 accessed 22 July 2020.

134 Teubner Gunther, 'Digital Personhood? The Status of Autonomous Software Agents in Private Law' (2018) *Ancilla Iuris* https://www.anci.ch/articles/Ancilla2018_Teubner_35.pdf accessed 25 May 2020.

135 Truby Jon, Brown Rafael, Dahdal Andrew, 'Banking on AI: Mandating A Proactive Approach to AI Regulation in the Financial Sector' (2020) *14 Law and Financial Markets Review* 110-120.

136 Turner Jacob, *Robot Rules. Regulating Artificial Intelligence* (Palgrave Macmillan 2019).

137 Valentini Laura, 'Dignity and Human Rights: A Reconceptualisation' (2017) Oxford *37 Journal of Legal Studies* 862-885.

138 van Boom Willem, Koziol Helmut, Witting Christian (eds.), *Pure Economic Loss* (Springer 2004).

139 van den Hoven van Genderen Robert, 'Do We Need Legal Personhood in the Age of Robots and AI' in Marcelo Corrales, Mark Fenwick, Nikolaus Forgó (eds.), *Robotics AI and the Future of Law* (Springer 2018).

140 van den Hoven van Genderen Robert, 'Legal Personhood in the Age of Artificially Intelligent Robots' in Woodrow Barfield and Ugo Pagallo (eds.), *Research Handbook on the Law of Artificial Intelligence* (Edward Elgar 2018).

141 Velasquez Manuel, Claire Andre, Shnaks Thomas, J. Meyer Michael, 'Justice and Fairness' https://www.scu.edu/ethics/ethics-resources/ethical-decision-making/justice-and-fairness/accessed 22 July 2020.

142 Voigt Paul, Axel von dem Bussche, *The EU General Data Protection Regulation (GDPR). A Practical Guide* (2017 Springer).

143 von Ungern-Sternberg Antje, 'Autonomous Driving: Regulatory Challenges Raised by Artificial Decision-Making and Tragic Choices' in Woodrow Barfield, Ugo Pagallo (eds.), *Research Handbook on the Law of Artificial Intelligence* (Edward Elgar 2018).

144 Wachter Sandra, Mittelstadt Brent, Floridi Luciano, 'Why a Right to Explanation of Automated Decision-Making Does Not Exist in the General Data Protection Regulation' (2017) *7 International Data Privacy Law 76-99* https://ssrn.com/abstract=2903469 accessed 22 July 2020.

145 Watzenig Daniel, Horn Martin (eds.), *Automated Driving. Safer and More Efficient Future Driving* (Springer 2017).

146 Watzenig Daniel, Horn Martin, 'Introduction to Automated Driving' in Daniel Watzenig, Martin Horn (eds.), *Automated Driving. Safer and More Efficient Future Driving* (Springer 2017).

147 Weller Adrian, 'Transparency: Motivations and Challenges' (2019) arXiv: 1708.01870v2 accessed 22 July 2020.

148 Wildhaber Isabelle, 'Artificial Intelligence and Robotics, the Workplace, and Workplace-Related Law' in Woodrow Barfield, Ugo Pagallo (eds.), *Research Handbook on the Law of Artificial Intelligence* (Edward Elgar 2018).

149 Winfield Alan F.T., Jirotka Marina, 'Ethical Governance Is Essential to Build Trust in Robotics and Artificial Intelligence Systems' (2018) *36 Philosophical Transactions Royal Society A* 2.

150 Winiger Benedikt, Karner Ernst, Oliphant Ken (eds.), *Digest of European Tort Law III: Essential Cases on Misconduct* (De Gruyter 2018).

151 Woolley J. Patrick, 'Trust and Justice in Big Data Analytics: Bringing the Philosophical Literature on Trust to Bear on the Ethics of Consent', (2019) *32 Philosophy and Technology* 111-134.

152 Xenidis Rafhaële, Senden Linda, 'EU Non-discrimination law in the Era of the Artificial Intelligence: Mapping the Challenges of Algorithmic Discrimination' in Ulf Bernitz et al. (eds.), *General Principles of EU Law and the EU Digital Order* (Kluwer Law International 2020).

153 Xu Catherina, Doshi Tulsee, 'Fairness Indicators: Scalable Infrastructure for Fair ML

Systems' (2019) *Google AI Blog* https://ai.googleblog.com/2019/12/fairness-indicators-scalable.html accessed 22 July 2020.

154 Yeung Karen, 'Hypernudge: Big Data as a Mode of Regulation by Design' (2016) *1, 19 TLI Think! Paper Information, Communication and Society.*

155 Zarsky Tal Z., 'Governmental Data Mining and its Alternatives' (2011) *116 Penn State Law Review* 285-330.

立　法

国际法

1 European Convention for the Protection of Human Rights and Fundamental Freedoms [1950]https://www.echr.coe.int/Documents/Convention_ENG.pdf accessed 22 July 2020.

2 European Patent Convention[1973]https://www.epo.org/en/legal/epc-1973/2006/index.html accessed 10 July 2020.

3 UN Convention on the Rights of persons with disabilities[2006]https://www.un.org/development/desa/disabilities/convention-on-the-rights-of-personswith-disabilities.html accessed 22 July 2020.

欧盟法

1 Consolidated versions of the Treaties[2012]OJ C326/13.

2 Charter of Fundamental Rights of the EU[2012]OJ C326/391.

3 Council Directive 85/374/EEC of 25 July 1985 on the approximation of the laws, regulations and administrative provisions of the Member States concerning liability for defective products[1985]OJ L210/29.

4 Council Directive 89/391/EEC of 12 June 1989 on the introduction of measures to encourage improvements in the safety and health of workers at work[1989]OJ L183/1.

5 Directive 96/9/EC of the European Parliament and of the Council of 11 March 1996 on the legal protection of databases[1996]OJ L77/20.

6 Directive 98/6/EC of the European Parliament and of the Council of 16 February 1998 on consumer protection in the indication of the prices of products offered to consumers[1998]OJ L 80/27.

7 Directive 2000/31/EC of the European Parliament and of the Council of 8 June 2000 on certain legal aspects of information society services, in particular electronic commerce in the Internal Market[2000]OJ L 178/1.

8 Council Directive 2000/43/EC of 29 June 2000 implementing the principle of equal

treatment between persons irrespective of racial or ethnic origin, [2000]OJ L 180/22.
9 Council Directive 2000/78/EC of 27 November 2000 establishing a general framework for equal treatment in employment and occupation[2000]OJ L 303/16.
10 Directive 2001/29/EC of the European Parliament and of the Council of 22 May 2001 on the harmonisation of certain aspects of copyright and related rights in the information society[2001]OJ L 167/10.
11 Directive 2001/95/EC of the European Parliament and of the Council of 3 December 2001 on general product safety[2001]OJ L 11/4.
12 Council Regulation (EC) 6/2002 of 12 December 2001 on Community designs[2001]OJ L 3/1.
13 Council Directive 2004/113/EC of 13 December 2004 implementing the principle of equal treatment between men and women in the access to and supply of goods and services[2004]OJ L 373/37.
14 Directive 2005/29/EC of the European Parliament and of the Council of 11 May 2005 concerning unfair business-to-consumer commercial practices in the internal market [2005]OJ L 149/22.
15 Directive 2006/42/EC of the European Parliament and of the Council of 17 May 2006 on machinery, and amending Directive 95/16/EC (recast) [2006]OJ L157/24.
16 Directive 2006/54/EC of the European Parliament and of the Council of 5 July 2006 on the implementation of the principle of equal opportunities and equal treatment of men and women in matters of employment and occupation (recast) [2006]OJ L 294/23.
17 Directive 2009/24/EC of the European Parliament and of the Council of 23 April 2009 on the legal protection of computer programs[2009] OJ L 111/16.
18 Directive 2011/83/EU of the European Parliament and of the Council of 25 October 2011 on consumer rights[2011]OJ L 304/64.
19 Regulation (EU) 234/2014 of the European Parliament and of the Council of 11 March 2014 establishing a Partnership Instrument for cooperation with third countries[2014]OJ L 77/77.
20 Directive 2014/53/EU of the European Parliament and of the Council of 16 April 2014 on the harmonisation of the laws of the Member States relating to the making available on the market of radio equipment and repealing Directive 1999/5/EC[2014]OJ L 153/62.
21 Directive (EU) 2015/2436 of the European Parliament and of the Council of 16 December 2015 to approximate the laws of the Member States relating to trade marks[2015]OJ L336/1.
22 Regulation (EU) 2016/679 of the European Parliament and of the Council of 27 April

2016 on the protection of natural persons with regard to the processing of personal data and the free movement of such data (GDPR) [2016]OJ L 119/1.

23 Directive (EU) 2016/680 of the European Parliament and of the Council of 27 April 2016 on the protection of natural persons with regard to the processing of personal data by competent authorities for the purposes of the prevention, investigation, detection or prosecution of criminal offences or the execution of criminal penalties, and on the free movement of such data[2016]OJ L 119/89.

24 Commission Decision (EU) 2016/835 of 25 May 2016 on the renewal of the mandate of the European Group on Ethics in Science and New Technologies, OJ L 140/21.

25 Commission Decision of 30 May 2016 establishing horizontal rules on the creation of Commission expert groups[2016]C (2016) 3301 final.

26 Directive (EU) 2016/943 of the European Parliament and of the Council of 8 June 2016 on the protection of undisclosed know-how and business information (trade secrets) against their unlawful acquisition, use and disclosure[2016]OJ L 157/1.

27 Council Recommendation of 19 December 2016 on Upskilling Pathways: New Opportunities for Adults[2016]OJ C 484/1.

28 Regulation (EU) 2017/745 of the European Parliament and of the Council of 5 April 2017 on medical devices, amending Directive 2001/83/EC, Regulation (EC) No 178/2002 and Regulation (EC) No 1223/2009 and repealing Council Directives 90/385/EEC and 93/42/EEC[2017]OJ L 117/1.

29 Regulation (EU) 2017/1001 of the European Parliament and of the Council of 14 June 2017 on the European Union trade mark[2017]OJ L 154/1.

30 Regulation (EU) 2018/302 on geo-blocking of the European Parliament and of the Council of 28 February 2018 on addressing unjustified geo-blocking and other forms of discrimination based on customers' nationality, place of residence or place of establishment within the internal market[2018]OJ L60/1.

31 Commission Recommendation (EU) 2018/790 of 25 April 2018 on access to and preservation of scientific information[2018]OJ L 134/12.

32 Regulation (EU) 2018/1139 of the European Parliament and of the Council of 4 July 2018 on common rules in the field of civil aviation and establishing a European Union Aviation Safety Agency[2018]OJ L 212/1.

33 Regulation (EU) 2018/1807 of the European Parliament and of the Council of 14 November 2018 on a framework for the free flow of non-personal data in the European Union[2018]OJ L 303/59.

34 Commission Delegated Regulation (EU) 2019/945 of 12 March 2019 on unmanned

aircraft systems and on third-country operators of unmanned aircraft systems[2019]OJ L 152/1.

35 Regulation (EU) 2019/881 of the European Parliament and of the Council of 17 April 2019 on ENISA (the European Union Agency for Cybersecurity) and on information and communications technology cybersecurity certification and repealing Regulation (EU) No 526/2013 (Cybersecurity Act) [2019]OJ L 151/15.

36 Directive (EU) 2019/790 of the European Parliament and of the Council of 17 April 2019 on copyright and related rights in the Digital Single Market and amending Directives 96/9/EC and 2001/29/EC[2019]OJ L130/92.

37 Directive (EU) 2019/770 of the European Parliament and of the Council of 20 May 2019 on certain aspects concerning contracts for the supply of digital content and digital services[2-19]OJ L 136/1.

38 Directive (EU) 2019/771 of the European Parliament and of the Council of 20 May 2019 on certain aspects concerning contracts for the sale of goods, amending Regulation (EU) 2017/2394 and Directive 2009/22/EC, and repealing Directive 1999/44/EC[[2019]OJ L 136/28.

39 Commission Implementing Regulation (EU) 2019/947 of 24 May 2019 on the rules and procedures for the operation of unmanned aircraft[2019]OJ L 152/45.

40 Directive (EU) 2019/1024 of the European Parliament and of the Council of 20 June 2019 on open data and the re-use of public sector information[2019]OJ L172/56.

41 Regulation (EU) 2019/1150 of the European Parliament and of the Council of 20 June 2019 on promoting fairness and transparency for business users of online intermediation services[2019]OJ L 186/ 57.

42 Directive (EU) 2019/2161 of the European Parliament and of the Council of 27 November 2019 amending Council Directive 93/13/EEC and Directives 98/6/EC, 2005/29/EC and 2011/83/EU of the European Parliament and of the Council as regards the better enforcement and modernisation of Union consumer protection rules[2019]OJ L328/7.

43 Regulation (EU) 2020/561 of the European Parliament and of the Council of 23 April 2020 as regards the dates of application of certain its provision[2020]OJ L 130/18.

政 策 文 件

欧盟的通讯文件、建议和工作文件

1 Commission, ‘Communication on the Precautionary Principle’, COM (2000) 0001 final.

2 Commission, 'European Strategy for a Better Internet for Children' (Communication) COM (2012) 196 final.

3 Commission, 'A Digital Single Market Strategy for Europe' (Communication) COM (2015) 192 final.

4 Commission, 'EU e-Government Action Plan 2016-2020. Accelerating the digital transformation of government' (Communication) COM (2016) 179 final.

5 Commission, 'A New Skills Agenda for Europe. Working together to strengthen human capital, employability and competitiveness' COM (2016) 381 final.

6 Commission, 'Report on Saving Lives: Boosting Car Safety in the EU', (Communication) COM (2016) 787.

7 Communication, 'The Mid-Term Review on the implementation of the Digital Single Market Strategy. A Connected Digital Single Market for All' (Communication) COM (2017) 228 final.

8 Commission, 'Communication on the Digital Education Action Plan' (Communication) COM (2018) 22 final.

9 Commission, 'Guidance on sharing private sector data in the European data economy' (Staff Working Document), SWD (2018) 125 final.

10 Commission, 'Towards a common European data space' (Communication) COM (2018) 232 final.

11 Commission, 'Artificial Intelligence for Europe' (Communication) COM (2018) 237 final.

12 Commission Staff Working Document on Liability (SWD (2018) 137) 7, accompanying Commission Communication, COM (2018) 237 final.

13 Commission, 'On the Road to Automated Mobility: An EU Strategy for Mobility of the Future' (Communication) COM (2018) 283 final.

14 Commission, 'Proposal for a regulation of the European Parliament and of the Council establishing the European Cybersecurity Industrial, Technology and Research Competence Centre and the Network of National Coordination Centres' COM (2018) 630.

15 Commission, 'Coordinated Plan on AI' (Communication) COM (2018) 795 final. 16 Commission, 'Annex to Coordinated Plan on AI' COM (2018) 795 final.

17 Commission, 'Reflection Paper. Towards a Sustainable Europe by 2030' COM (2019) 22.

18 Commission, 'Building Trust in Human-Centric Artificial Intelligence' (Communication) COM (2019) 168 final.

19 Commission, 'Commission Work Programme 2020' (Communication) COM (2020) 37

final.
20 Commission, 'Report on the safety and liability implications of Artificial Intelligence, the Internet of Things and robotics' COM (2020) 64 final.
21 Commission, 'White Paper On Artificial Intelligence - A European approach to excellence and trust' COM (2020) 65 final.
22 Commission, 'A European strategy for data' (Communication) COM (2020) 66 final.

专家组指导意见

1 European Group on Ethics in Science and New Technologies, 'Future of Work, Future of Society' (Publications Office of the EU Luxembourg 2018).
2 European Group on Ethics in Science and New Technologies 'Statement on AI, Robotics and 'Autonomous' Systems' (Brussels 2018).
3 High Level Group on Industrial Technologies, Report on 'Re-Defining Industry. Defining Innovation' (Publication Office of the EU Luxembourg 2018).
4 Expert Group on Liability and New Technologies, 'Liability for Artificial Intelligence and other emerging digital technologies' (Report from New Technologies Formation) (Publication Office of the EU Luxembourg 2019).
5 High-Level Expert Group on the Impact of the Digital Transformation on EU Labour Markets, 'Report on The Impact of the Digital Transformation on EU Labour Markets', (Publications Office of the EU Luxembourg 2019).
6 High Level Expert Group on AI, 'Policy and Investment Recommendations for Trustworthy AI' (Brussels 2019).
7 High Level Expert Group on AI, 'A Definition of AI: Main Capabilities and Disciplines' (Brussels 2019).
8 High Level Expert Group on AI, 'The Ethics Guidelines for Trustworthy Artificial Intelligence' (Brussels 2019).

其他欧盟机构的文件

1 European Economic and Social Committee, 'Opinion on AI' INT/806-EESC2016-05369-00-00-AC-TRA.
2 European Parliament, 'Resolution of 16.02.2017 with recommendations to the Commission on Civil Law Rules on Robotics' 2015/2103 (INL).
3 European Council meeting (19 October 2017) - Conclusions, EUCO 14/17 http://data.consilium.europa.eu/doc/document/ST-14-2017-INIT/en/pdf accessed 20 July 2020.
4 European Union Agency for Fundamental Rights (FRA), 'AI, Big Data and fundamental rights' (2018) https://fra.europa.eu/en/project/2018/artificialintelligence-big-data-and-fundamental-rights accessed 22 July 2020.

5 European Parliament, 'Resolution of 12 September 2018 on autonomous weapon systems' (2018/2752 (RSP), OJ C433/86.

6 European Parliament, 'Draft report with recommendations to the Commission on a framework of ethical aspects of AI, robotics and related technologies', 2020/ 2012 (INL).

7 European Parliament, 'Intellectual property rights for the development of artificial intelligence technologies' 2020/2015 (INI).

8 European Parliament, 'Draft Report with recommendations to the Commission on a Civil liability regime for artificial intelligence' 2020/2014 (INL).

9 European Union Aviation Safety Agency (EASA), 'Artificial Intelligence Roadmap. A Human-Centric approach to AI in Aviation' (2020 easa.europa.eu/ai).

其他二手资料

1 Basel Committee on Banking Supervision, 'Sound Practices: Implications of fintech developments for banks and bank supervisors' (Consultative Document) (2017) https://www.bis.org/bcbs/publ/d415.pdf (accessed 16.07.2020).

2 Borgesius Frederik Zuiderveen, 'Discrimination, artificial intelligence, and algorithmic decision-making' (Council of Europe 2018) 1-51.

3 Bourguignon Didier, 'The precautionary principle. Definitions, applications and governance' (European Parliament 2016).

4 Broekaert Kris, Espinel Victoria A., How can policy keep pace with the Fourth Industrial Revolution https://www.weforum.org/agenda/2018/02/can-policykeep-pace-with-fourth-industrial-revolution/ accessed 22 July 2020.

5 Bughin Jacques, et al., 'Notes from the AI Frontier: Modelling the Impact of AI on the World Economy' (McKinsey Global Institute 2018).

6 Carretero Stephanie, Vuorikari Riina, Punie Yves, 'The Digital Competence Framework for Citizens. With eight proficiency levels and examples of use' (Publications Office of the EU Luxembourg 2017).

7 Code of Practice on Disinformation https://ec.europa.eu/digital-single-market/en/news/code-practice-disinformation accessed 22 July 2020.

8 Consultative Committee of the Convention for the Protection of Individuals with Regard to Automatic Processing of Personal Data[Convention 108]. Guidelines on Artificial Intelligence and Data Protection, T-PD (2019) 01 (Council of Europe 2019).

9 Consumer vulnerability across key markets in the EU. Final report (2016) https://ec.europa.eu/info/sites/info/files/consumers-approved-report_en.pdf. accessed 22 July 2020.

10 Council of Europe Study 'Algorithms and Human Rights. Study on the human rights dimensions of automated data processing techniques and possible regulatory implications'

DGI[2017]12 (Council of Europe 2017).

11 Craglia Max (ed) et al., 'Artificial Intelligence: A European Perspective' (Publications Office of the EU Luxembourg 2018).

12 Deloitte Insights, 'How artificial intelligence could transform government' (2017) https://www2.deloitte.com/insights/us/en/focus/artificialintelligence-in-government.html accessed 20 July 2020.

13 Duch-Brown Nestor, Martens Bertin, Mueller-Langer Frank, 'The economics of ownership, access and trade in digital data. Joint Research Centre Digital Economy Working Paper 2017-01' (European Union 2017) https://ec.europa.eu/jrc/en/publication/eur-scientific-and-technical-research-reports/economics-ownership-access-and-trade-digital-data accessed 22 July 2020.

14 Eggers William D., Turley Mike, Kishnani Pankaj, 'The future of regulation' https://www2.deloitte.com/us/en/insights/industry/public-sector/future-ofregulation/regulating-emerging-technology.html#endnote-sup-49 accessed 22 July 2020.

15 E-relevance of Culture in the Age of AI, Expert Seminar on Culture, Creativity and Artificial Intelligence, 12-13 October 2018, Rijeka, Croatia https://www.coe.int/en/web/culture-and-heritage/-/e-relevance-of-culture-in-the-age-of-ai accessed 22 July 2020.

16 European Commission for the Efficiency of Justice (CEPEJ), 'European ethical Charter on the use of AI in judicial systems and their environment' (Council of Europe 2019).

17 European Parliamentary Research Service, Scientific Foresight Unit (STOA), 'The ethics of artificial intelligence: Issues and initiatives', PE 634.452 March 2020.

18 European Political Strategy Center, 'EU Industrial Policy After Siemens-Alstom, Finding a New Balance Between Openness and Protection' (Brussels 2019) https://ec.europa.eu/epsc/sites/epsc/files/epsc_industrial-policy.pdf accessed 22 July 2020.

19 EY, 'Artificial Intelligence in Europe, Outlook for 2019 and Beyond' (EY 2018) https://info.microsoft.com/WE-DIGTRNS-CNTNT-FY19-09Sep-27-DENMARKArtificialIntelligence-MGC0003160_02ThankYou-StandardHero.html accessed 24 July 2020.

20 Guidelines to respect, protect and fulfil the rights of the child in the digital environment, Recommendation CM/Rec (2018) 7 of the Committee of Ministers (Council of Europe 2018).

21 Holder Chris, Iglesias Maria (eds.), Jean-Marc Van Gyseghem, Jean-Paul Triaille, 'Legal and regulatory implications of Artificial Intelligence. The case of autonomous vehicles, m-health and data mining' (Publication Office of the EU Luxembourg 2019) 19.

22 Human rights and business, Recommendation CM/Rec (2016) 3 of the Committee of Ministers to member states (Council of Europe 2016).

23 Iglesias Maria, Shamuilia Sharon, Anderberg Amanda, 'Intellectual Property and Artificial Intelligence. A literature review', EUR 30017 EN (Publications Office of the EU Luxembourg 2019).

24 Lorenzo Rocío et al., 'The Mix That Matters. Innovation Through Diversity' (BCG 2017) https://www.bcg.com/publications/2017/people-organizationleadership-talent-innovation-through-diversity-mix-that-matters.aspx accessed 22 July 2020.

25 Losing Humanity. 'The Case Against Killer Robots' (Report 2012) https://www.hrw.org/sites/default/files/reports/arms1112_ForUpload.pdf accessed 22 July 2020.

26 Mantelero Alessandro, 'Consultative Committee of the Convention for the Protection of Individuals with Regard to Automatic Processing of Personal Data[Convention 108]. Report on AI. AI and Data Protection: Challenges and Possible Remedies (Council of Europe 2019).

27 McKinsey, 'Digital Europe: Realizing the continent's potential' (2016) https://www.mckinsey.com/business-functions/mckinsey-digital/our-insights/digital-europe-realizing-the-continents-potential# accessed 20 July 2020.

28 McKinsey, Business functions and operations. Secrets of successful change implementation https://www.mckinsey.com/business-functions/operations/ourinsights/secrets-of-successful-change-implementation accessed 22 July 2020.

29 Nedelkoska L., Quintini G., 'Automation, Skills Use and Training' (2018) 22 OECD Social, Employment and Migration Working Papers (OECD Publishing) https://doi.org/10.1787/2e2f4eea-en accessed 24 July 2020.

30 PwC's Global Artificial Intelligence Study: Exploiting the AI Revolution. (2017) https://www.pwc.com/gx/en/issues/data-and-analytics/publications/artificial-intelligence-study.html accessed 22 July 2020.

31 Rapporteur Report, '20th Anniversary of the Oviedo Convention', Strasbourg 2017 https://rm.coe.int/oviedo-conference-rapporteur-report-e/168078295c accessed 22 July 2020.

32 Recommendation by the Council of Europe Commissioner for Human Rights 'Unboxing Artificial Intelligence: 10 steps to protect Human Rights' (Council of Europe 2019).

33 Recommendation CM/Rec (2017) 5 of the Committee of Ministers to member States on standards for e-voting, (Council of Europe 2017).

34 Recommendation CM/Rec (2020) 1 of the Committee of Ministers to member states on the human rights impacts of algorithmic society (Council of Europe 2020).

35 Report of the Special Rapporteur, 'Promotion and protection of the right to freedom of opinion and expression', A/73/348, see https://freedex.org/wp-content/blogs.dir/2015/

files/2018/10/AI-and-FOE-GA.pdf accessed 22 July 2020.

36 Special Eurobarometer 382, 'Public Attitudes Towards Robots' (2012).

37 Tarín Quirós Carlota et al., 'Women in the digital age' A study report prepared for the European Commission (2018) https://ec.europa.eu/digital-singlemarket/en/news/increase-gender-gap-digital-sector-study-women-digital-age accessed 22 July 2020.

38 UN Guiding Principles on Business and Human Rights. Implementing the UN 'Protect, Respect and Remedy' Framework (2011) https://www.ohchr.org/documents/publications/guidingprinciplesbusinesshr_en.pdf accessed 22 July 2020.

39 UNESCO Report, 'I'd blush if I could - Closing Gender Divides in Digital Skills Through Education' (2019) https://2b37021f-0f4a-464083520a3c1b7c2aab.filesusr.com/ugd/04bfff_06ba0716e0604f51a40b4474d4829ba8.pdf accessed 22 July 2020.

40 World Economic Forum, 'The future of Jobs' (2018) http://reports.weforum.org/future-of-jobs-2018/preface/ accessed 22 July 2020.

41 World Economic Forum, 'White Paper: Agile Governance. Reimagining Policy Ma king in the Fourth Industrial Revolution' http://www3.weforum.org/docs/WEF_Agile_Governance_Reimagining_Policy-making_4IR_report.pdf accessed 22 July 2020.

42 Yeung Karen (rapporteur), 'A Study of the implications of advanced digital technologies (including AI systems) for the concept of responsibility within a human rights framework', DGI (2019) 5, (Council of Europe 2019).

网络资源

1 AI and gender equality https://www.coe.int/en/web/artificial-intelligence/-/artificial-intelligence-and-gender-equality accessed 22 July 2020.

2 AI4EU https://www.ai4eu.eu/ai4eu-platform accessed 22 July 2020.

3 Algorithmic awareness building https://ec.europa.eu/digital-single-market/en/algorithmic-awareness-building accessed 22 July 2020.

4 Angwin Julia, Parris Jr Terry, 'Facebook Lets Advertisers Exclude Users by Race' (2016) ProPublica https://www.propublica.org/article/facebook-letsadvertisers-exclude-users-by-race accessed 22 July 2020.

5 Asilomar AI principles https://futureoflife.org/ai-principles/ accessed 22 July 2020.

6 Brzozowski Alexandra, 'No progress in UN talks on regulating lethal autonomous weapons' (22.11.2019) https://www.euractiv.com/section/global-europe/news/no-progress-in-un-talks-on-regulating-lethal-autonomous-weapons/accessed 22 July 2020.

7 BWVI Ethics Code https://www.bmvi.de/SharedDocs/EN/publications/report-ethics-commission.pdf?_blob=publicationFile accessed 22 July 2020.

8 Chinese State Council Notice concerning Issuance of the Planning Outline for the

Construction of a Social Credit System (2014-2020) https://chinacopyrightandmedia.wordpress.com/2014/06/14/planning-outline-forthe-construction-of-a-social-credit-system-2014-2020/accessed 22 July 2020.
9 Commission's 'Responsible Research and Innovation' workstream https://ec.europa.eu/programmes/horizon2020/en/h2020-section/responsible-researchinnovation accessed 22 July 2020.
10 Covd-19 tracing apps (press release European Parliament) https://www.europarl.europa.eu/news/en/headlines/society/20200429STO78174/covid19-tracing-apps-ensuring-privacy-and-data-protection accessed 22 July 2020.
11 Cybercrime, Octopus 2018 https://www.coe.int/en/web/cybercrime/resources-octopus-2018 accessed 22 July 2020.
12 Daley Sam, 'Fighting fires and saving elephants: how 12 companies are using the AI drone to solve big problems', (10 March 2019) https://builtin.com/artificialintelligence/drones-ai-companies accessed 22 July 2020.
13 Digital market, digital scoreboard https://ec.europa.eu/digital-single-market/digital-scoreboard accessed 22 July 2020.
14 Digital Opportunity Traineeships https://ec.europa.eu/digital-single-market/en/digital-opportunity-traineeships-boosting-digital-skills-job accessed 22 July 2020.
15 Digital Skills Jobs Coalition https://ec.europa.eu/digital-single-market/en/digital-skills-jobs-coalition accessed 22 July 2020.
16 ECDL http://www.ecdl.org accessed 22 July 2020.
17 Entering the new paradigm of AI and Series Executive Summary, (2019) December https://rm.coe.int/eurimages-executive-summary-051219/1680995332 accessed 22 July 2020.
18 E-privacy regulation proposal https://ec.europa.eu/digital-single-market/en/proposal-eprivacy-regulation accessed 22 July 2020.
19 EU agencies, ECSEL https://europa.eu/european-union/about-eu/agencies/ecselen accessed 22 July 2020.
20 EU observatory on online platform economy https://ec.europa.eu/digital-singlemarket/en/eu-observatory-online-platform-economy accessed 20 July 2020.
21 EU social Policy http://ec.europa.eu/social/main.jsp?catId=1415&langId=en accessed 22 July 2020.
22 EU Strategy priorities 2019-2024 https://ec.europa.eu/info/strategy/priorities-2019-2024/europe-fit-digital-age/shaping-europe-digital-future_en accessed 22 July 2020.
23 Euractive on Code of practice on disinformation https://www.euractiv.com/section/

digital/news/eu-code-of-practice-on-disinformation-insufficient-andunsuitable-member-states-say/ accessed 22 July 2020.

24 Euractive on Commission's White Paper on AI https://www.euractiv.com/section/digital/news/leak-commission-considers-facial-recognition-ban-in-aiwhite-paper accessed 22 July 2020.

25 Euro HPC Joint undertaking https://ec.europa.eu/digital-single-market/en/blogposts/eurohpc-joint-undertaking-looking-ahead-2019-2020-and-beyond accessed 22 July 2020.

26 European Institute of Innovation Technology https://eit.europa.eu/ouractivities/education/doctoral-programmes/eit-and-digital-education-actionplan accessed 22 July 2020.

27 European Investment Bank https://www.eib.org/en/efsi/what-is-efsi/index.htm accessed 22 July 2020.

28 Eurostat statistics on small and medium-sized enterprises' total turnover in the EU https://ec.europa.eu/eurostat/web/structural-business-statistics/structural-business-statistics/sme accessed 22 July 2020.

29 EU's Space Programme Copernicus, Data and Information Access Services: http://copernicus.eu/news/upcoming-copernicus-data-and-informationaccess-services-dias accessed 22 July 2020.

30 Financial Times https://www.ft.com/content/ff798944-4cc6-11ea-95a0-43d18ec715f5 accessed 22 July 2020.

31 Global Framework reference, Digital Literacy Skills http://uis.unesco.org/sites/default/files/documents/ip51-global-framework-reference-digital-literacy-skills2018-en.pdf accessed 22 July 2020.

32 'How to Train an AI with GDPR Limitations', September 13, 2019 https://www.intellias.com/how-to-train-an-ai-with-gdpr-limitations/ accessed 22 July 2020.

33 ICT online vacancies http://www.pocbigdata.eu/monitorICTonlinevacancies/general_info/ accessed 22 July 2020.

34 IEEE, 'Ethically Aligned Design: A Vision for Prioritizing Human Well-being with Autonomous and Intelligent Systems' (2017) https://ethicsinaction.ieee.org/accessed 22 July 2020.

35 International Corporate Governance Network, 'Artificial Intelligence and Board Effectiveness' (February 2020) https://www.icgn.org/artificial-intelligence-andboard-effectiveness accessed 22 July 2020.

36 Knowledge 4 Policy https://ec.europa.eu/knowledge4policy/ai-watch_en accessed 20 July 2020.

37 Montréal Declaration for Responsible AI draft principles https://www.montrealdeclar

ation-responsibleai.com/ accessed 22 July 2020.

38 New Digital Education Action Plan https://ec.europa.eu/education/news/public-consultation-new-digital-education-action-plan_en accessed 22 July 2020.

39 News on Declaration on AI https://ec.europa.eu/digital-single-market/en/news/eu-member-states-sign-cooperate-artificial-intelligence accessed 20 July 2020.

40 Oxford Learner's Dictionary, 'Explanation definition' https://www.oxfordlearnersdictionaries.com/definition/english/explanation accessed 22 July 2020.

41 Partnership on AI https://www.partnershiponai.org/partners/ accessed 22 July 2020.

42 Research EIC https://ec.europa.eu/research/eic/index.cfm?pg=funding accessed 22 July 2020.

43 Robotics Open Letter http://www.robotics-openletter.eu/ accessed 22 July 2020. 44 Berger Roland, 'Artificial Intelligence - A strategy for European start-ups' (2018) https://www.rolandberger.com/fr/Publications/AI-startups-as-innovationdrivers.html accessed 22 July 2020.

45 SAE https://www.sae.org/news/press-room/2018/12/sae-internationalreleases-updated-visual-chart-for-its-%E2%80%9Clevels-of-driving-automation%E2%80%9D-standard-for-self-driving-vehicles accessed 22 July 2020.

46 Sustainable development (EU) https://ec.europa.eu/environment/sustainabledevelopment/SDGs/index_en.htm accessed 22 July 2020.

47 Sustainable Development Goals https://www.un.org/sustainabledevelopment/sustainable-development-goals/ accessed 22 July 2020.

48 The Economist, 'The world's most valuable resource is no longer oil, but data' (2017) https://www.economist.com/leaders/2017/05/06/the-worlds-mostvaluable-resource-is-no-longer-oil-but-data accessed 22 July 2020.

49 The Joint Research Centre HUMAINT project aims to understand the impact of AI on human behaviour, with a focus on cognitive and socio-emotional capabilities and decision making https://ec.europa.eu/jrc/communities/community/humain accessed 22 July 2020.

50 Tractica, Artificial Intelligence Market Forecasts https://www.tractica.com/research/artificial-intelligence-market-forecasts accessed 22 July 2020.

51 UNI Global Union Top 10 Principles for Ethical AI http://www.thefutureworldofwork.org/opinions/10-principles-for-ethical-ai/accessed 22 July 2020.

52 Wareham Mary, 'Banning Killer Robots in 2017' https://www.hrw.org/news/2017/01/15/banning-killer-robots-2017 accessed 22 July 2020.

53 White paper '21 jobs of the future. A Guide to getting and staying employed' https://

www.cognizant.com/whitepapers/21-jobs-of-the-future-a-guide-to-getting-andstaying-employed-over-the-next-10-years-codex3049 accessed 22 July 2020.
54 WHO on e-health https://www.who.int/ehealth/en/ accessed 22 July 2020.
55 WIPO, 'Index of AI initiatives in IP offices' https://www.wipo.int/about-ip/en/artificial_intelligence/search.jsp. accessed 22 July 2020.

美国电气和电子工程师协会（IEEE）和国际标准化组织（ISO）的人工智能标准

1 ISO Standards https://www.iso.org/isoiec-jtc-1.html accessed 22 July 2020.
2 IEEE Standards https://standards.ieee.org/content/ieee-standards/en/about/index.html accessed 22 July 2020.
3 AI-Concepts and terminology (SC42 CD 22989) ISO 'Deliverables' (2019) www.iso.org/deliverables-all.html accessed 22 July 2020.
4 Framework for AI Systems Using Machine Learning (SC42 WD 23053) https://www.iso.org/standard/74296.html accessed 22 July 2020.
5 Draft Model Process for Addressing Ethical Concerns During System Design (IEEE P7000) https://standards.ieee.org/project/7000.html accessed 22 July 2020.
6 Transparency of Autonomous Systems (defining levels of transparency for measurement) (IEEE P7001) https://standards.ieee.org/project/7001.html accessed 22 July 2020.
7 Data Privacy Process (IEEE P7002) https://standards.ieee.org/project/7002.html accessed 22 July 2020.
8 Algorithmic Bias Considerations (IEEE P7003) https://standards.ieee.orgpr/oject/7003.html accessed 22 July 2020.
9 Standard for child and student data governance (IEEEP7004) https://standards.ieee.org/project/7004.html accessed 22 July 2020.
10 Standard for Transparent employer data governance (IEEE P7005) https://standards.ieee.org/project/7005.html accessed 22 July 2020.
11 Personal Data AI agent (IEEE P7006) https://standards.eee.org/project/7006.html accessed 22 July 2020.
12 Ontologies standard for Ethically Driven Robotics and Automation Systems (IEEE P7007) https://site.ieee.org/sagroups-7007/ accessed 22 July 2020.
13 Standard for Ethically Driven AI Nudging for Robotic, Intelligent and Autonomous Systems (IEEE P7008) https://standards.ieee.org/project/7008.html accessed 22 July 2020.
14 Standard for Fail-safe design of Autonomous and Semi-Autonomous Sstems (IEEE P7009) https://standards.ieee.org/project/7009.html accessed 22 July 2020.
15 Wellbeing metrics for Autonomous and Intelligent Systems AI (IEEE P7010) https://

sagroups.ieee.org/7010/ accessed 22 July 2020.

16 Standard for the Process of Identifying and Rating the Trustworthiness of News Sources (IEEE P7011) https://sagroups.ieee.org/7011/accessed 22 July 2020.

17 Standard for Machine Readable Personal Privacy Terms (IEEE P7012) https://standards.ieee.org/project/7012.html accessed 22 July 2020.

18 Benchmarking Accuracy of Facial Recognition systems (IEEE P7013) https://spectrum.ieee.org/the-institute/ieee-products-services/standards-workinggroup-takes-on-facial-recognition accessed 22 July 2020.

19 Standard for Ethical considerations in Emulated Empathy in Autonomous and Intelligent Systems (IEEE P7014) https://standards.ieee.org/project/7014.html accessed 22 July 2020.

索　　引*

* 索引页码为原书页码，即本书边码。

B

C

D

P

Q

R

S

T

U

译 后 记

人工智能快速发展正在对经济社会和人类文明产生深远影响，为各行业带来巨大机遇。然而，这一技术也带来了难以预测的诸多风险和复杂挑战。人工智能治理关乎全人类，已成为世界各国共同面临的重要议题。

加强人工智能伦理治理需要“软硬兼施”，既要逐步建立健全法律和规章制度，又要建立并完善人工智能伦理准则、规范及问责机制。本书基于欧盟委员会和人工智能高级别专家组的政策文件，结合人工智能技术的最新发展和未来趋势，全面分析当前欧盟的人工智能政策、监管、议案和立法。书中深入探讨欧盟的人工智能监管策略，重点讨论算法社会、政策制定、可信赖人工智能的伦理准则、监管举措等，从宏观角度指出人工智能治理面临的挑战，以及人工智能领域具体开展的立法和监管工作，旨在从欧盟在伦理、法律法规和可信赖人工智能的视角出发，为读者提供参考和启迪。

本书出版正值欧盟《人工智能法案》正式生效之际，出版过程得到了科学出版社的大力支持，特别感谢王航、梁绮兰在本书翻译、审校方面的重要贡献，他们为本书的出版做了大量工作。本书译者努力追求译文的“信、达、雅”，但难免仍有疏漏和不足之处，敬请广大读者提出宝贵意见。

译　者

2024 年 9 月